· EX SITU FLORA OF CHINA ·

中国迁地栽培植物志

主编 黄宏文

GESNERIACEAE
苦苣苔科

本卷主编 周太久 盘 波 蔡 磊

中国林业出版社
China Forestry Publishing House

内容简介

本书收录了我国保育苦苣苔较多的几个植物园迁地栽培的苦苣苔科植物19属169种。物种拉丁名主要是在 Flora of China 第十八卷的基础上，结合近年来有关于本科属一级水平修订的最新文献予以确定；属和种均按照拉丁名字母顺序排列。每种植物介绍包括中文名、拉丁名等分类学信息和自然分布、迁地栽培环境、迁地栽培形态特征、濒危状态、引种信息、物候信息、迁地栽培要点及主要用途，并附彩色照片展示其形态学特征。为了便于查阅，书后附有各植物园的地理环境以及本书收录物种的中文名和拉丁名索引。

本书可供农林业、园林园艺、环境保护等相关学科的科研和教学使用。

主编简介

黄宏文：1957年1月1日生于湖北武汉，博士生导师，中国科学院大学岗位教授。长期从事植物资源研究和果树新品种选育，在迁地植物编目领域耕耘数十年，发表论文400余篇，出版专著40余本。主编有《中国迁地栽培植物大全》13卷及多本专科迁地栽培植物志。现为中国科学院庐山植物园主任，中国科学院战略生物资源管理委员会副主任，中国植物学会副理事长，国际植物园协会秘书长。

图书在版编目（CIP）数据

中国迁地栽培植物志．苦苣苔科 / 黄宏文主编；周太久，盘波，蔡磊本卷主编．－－北京：中国林业出版社，2021.11

ISBN 978-7-5219-1397-2

Ⅰ. ①中… Ⅱ. ①黄… ②周… ③盘… ④蔡… Ⅲ. ①苦苣苔科—引种栽培—植物志—中国 Ⅳ. ①Q948.52

中国版本图书馆CIP数据核字(2021)第216121号

ZHŌNGGUÓ QIĀNDÌ ZĀIPÉI ZHÍWÙZHÌ · KǓ JÙ TÁI KĒ

中国迁地栽培植物志·苦苣苔科

出版发行：中国林业出版社
（100009 北京市西城区刘海胡同7号）
电　　话：010-83143568
印　　刷：北京雅昌艺术印刷有限公司
版　　次：2022年1月第1版
印　　次：2022年1月第1次印刷
开　　本：889mm×1194mm　1/16
印　　张：24.75
字　　数：784千字
定　　价：398.00元

《中国迁地栽培植物志》编审委员会

主　　　任： 黄宏文
常务副主任： 任　海
副　主　任： 孙　航　陈　进　胡永红　景新明　段子渊　梁　琼　廖景平
委　　　员（以姓氏拼音为序）：
　　陈　玮　傅承新　郭　翎　郭忠仁　胡华斌　黄卫昌　李　标
　　李晓东　廖文波　宁祖林　彭春良　权俊萍　施济普　孙卫邦
　　韦毅刚　吴金清　夏念和　杨亲二　余金良　宇文扬　张　超
　　张　征　张道远　张乐华　张寿洲　张万旗　周　庆

《中国迁地栽培植物志》顾问委员会

主　任： 洪德元
副主任（以姓氏拼音为序）：
　　陈晓亚　贺善安　胡启明　潘伯荣　许再富
成　员（以姓氏拼音为序）：
　　葛　颂　管开云　李　锋　马金双　王明旭　邢福武　许天全　张冬林
　　张佐双　庄　平　Christopher Willis　Jin Murata　Leonid Averyanov
　　Nigel Taylor　Stephen Blackmore　Thomas Elias　Timothy J Entwisle
　　Vernon Heywood　Yong-Shik Kim

《中国迁地栽培植物志·苦苣苔科》编者

主　　编： 周太久（广西壮族自治区中国科学院广西植物研究所）
　　　　　盘　波（广西壮族自治区中国科学院广西植物研究所）
　　　　　蔡　磊（中国科学院昆明植物研究所）

副 主 编： 汤升虎（贵州省植物园）
　　　　　秦佳奇（上海植物园）
　　　　　邱志敬（深圳市中国科学院仙湖植物园）

编　　委（按姓氏拼音为序）
　　　　　岑华飞（广西壮族自治区中国科学院广西植物研究所）
　　　　　范志伟（贵州省植物园）
　　　　　葛玉珍（广西壮族自治区中国科学院广西植物研究所）
　　　　　洪　欣（安徽大学）
　　　　　黄章杰（广西壮族自治区中国科学院广西植物研究所）
　　　　　刘　成（中国科学院昆明植物研究所）
　　　　　孟德昌（广西壮族自治区中国科学院广西植物研究所）
　　　　　宁祖林（中国科学院华南植物园）
　　　　　庞艳苹（上海上植绿化服务有限公司）
　　　　　王亚娜（上海上植绿化服务有限公司）
　　　　　韦毅刚（广西壮族自治区中国科学院广西植物研究所）
　　　　　亚吉东（中国科学院昆明植物研究所）
　　　　　杨加文（贵州省植物园）
　　　　　袁茂琴（贵州省植物园）
　　　　　郗　望（中国科学院昆明植物研究所）
　　　　　邹玲俐（广西壮族自治区中国科学院广西植物研究所）

主　　审： 温　放（广西壮族自治区中国科学院广西植物研究所）

责 任 编 审： 廖景平　湛青青（中国科学院华南植物园）

数据库技术支持： 张　征　黄逸斌　谢思明（中国科学院华南植物园）

《中国迁地栽培植物志·苦苣苔科》参编单位（数据来源）

广西壮族自治区中国科学院广西植物研究所（桂林植物园）（GXIB）
中国科学院昆明植物研究所（KIB）
贵州省植物园（GZBG）
上海植物园（SHBG）
深圳市中国科学院仙湖植物园（SZBG）

《中国迁地栽培植物志》编研办公室

主　任： 任　海
副主任： 张　征
主　管： 湛青青

序 FOREWORD

中国是世界上植物多样性最丰富的国家之一，有高等植物33000~35000种，约占世界总数的10%，仅次于巴西，位居全球第二。中国是北半球唯一横跨热带、亚热带、温带到寒带森林植被的国家。中国的植物区系是整个北半球早中新世植物区系的孑遗成分，且在第四纪冰川期中，因我国地形复杂、气候相对稳定的避难所效应，又是植物生存、物种演化的重要中心，同时，我国植物多样性还遗存了古地中海和古南大陆植物区系，因而形成了我国极为丰富的特有植物，有约250个特有属、15000~18000特有种。中国还有粮食植物、药用植物及园艺植物等摇篮之称，几千年的农耕文明孕育了众多的栽培植物的种质资源，是全球资源植物的宝库，对人类经济社会的可持续发展具有极其重要意义。

植物园作为植物引种、驯化栽培、资源发掘、推广应用的重要源头，传承了现代植物园几个世纪科学研究的脉络和成就，在近代的植物引种驯化、传播栽培及作物产业国际化进程中发挥了重要作用，特别是经济植物的引种驯化和传播栽培对近代农业产业发展、农产品经济和贸易、国家或区域的经济社会发展的推动则更为明显，如橡胶、茶叶、烟草及众多的果树、蔬菜、药用植物、园艺植物等。特别是哥伦布到达美洲新大陆以来的500多年，美洲植物引种驯化及其广泛传播、栽培深刻改变了世界农业生产的格局，对促进人类社会文明进步产生了深远影响。植物园的植物引种驯化还对促进农业发展、食物供给、人口增长、经济社会进步发挥了不可替代的重要作用，是人类农业文明发展的重要组成部分。我国现有约200个植物园引种栽培了高等维管植物约396科3633属23340种（含种下等级），其中我国本土植物为288科2911属约20000种，分别约占我国本土高等植物科的91%、属的86%、物种数的60%，是我国植物学研究及农林、环保、生物等产业的源头资源。因此，充分梳理我国植物园迁地栽培植物的基础信息数据，既是科学研究的重要基础，也是我国相关产业发展的重大需求。

然而，我国植物园长期以来缺乏数据整理和编目研究。植物园虽然在植物引种驯化、评价发掘和开发利用上有悠久的历史，但适应现代植物迁地保护及资源发掘利用的整体规划不够、针对性差且理论和方法研究滞后。同时，传统的基于标本资料编纂的植物志也缺乏对物种基础生物学特征的验证和"同园"比较研究。我国历时45年，于2004年完成的植物学巨著《中国植物志》受到国内外植物学者的高度赞誉，但由于历史原因造成的模式标本及原始文献考证不够，众多种类的鉴定有待完善；*Flora of China*虽弥补了模式标本和原始文献考证的不足，但仍然缺乏对基础生物学特征的深入研究。

《中国迁地栽培植物志》致力于创建一个"活"植物志，成为支撑我国植物迁地保护和可持续利用的基础信息数据平台。《中国迁地栽培植物志》编撰立足对我国植物园引种栽培的20000多种高等植物的实地形态特征、物候信息、用途评价、栽培要领等综合信息和翔实的图片。从学科上支撑分类学修订、园林园艺、植物生物学和气候变化等研究；从应用上支撑我国生物产业所需资源发掘及利用。植物园长期引种栽培的植物与我国农林、医药、环保等产业的源头资源密切相关。由于人类大量活动的影响，植物赖以生存的自然生态系统遭到严重破坏，致使植物灭绝威胁增加；与此同时，绝大部分植物资源尚未被人类认识和充分利用。在当今全球气候变化、经济高速发展和人口快速增长的背景下，植物园作为植物资源保存和发掘利用的"诺亚方舟"将在解决当今世界面临的食物保障、医药健康、工业原材料、环境变化等重大问题中发挥越来越大的作用。

《中国迁地栽培植物志》编研致力于全面系统地整理我国迁地栽培植物基础数据资料、建设专科、专属、专类植物类群进行规范的数据库建设和翔实的图文资料库，既支撑我国植物学基础研究，又注重对我国农林、医药、环保产业的源头植物资源的评价发掘和利用，具有长远的基础数据资料的整理积累和促进经济社会发展的重要意义。植物园的引种栽培植物在植物科学的基础性研究中有着悠久的历史，支撑了从传统形态学、解剖学、分类系统学研究，到植物资源开发利用、为作物育种提供原始材料，以及现今分子系统学、新药发掘、活性功能天然产物等科学前沿，乃至植物物候相关的全球气候变化研究。

《中国迁地栽培植物志》原始数据基于中国植物园活植物收集，通过植物园栽培活植物特征观察收集，获得充分的比较数据，为分类系统学未来发展提供翔实的生物学资料，提升植物生物学基础研究，为植物资源新种质发现和可持续利用提供更好的服务。《中国迁地栽培植物志》将以实地引种栽培活植物形态学性状描述的客观性、评价用途的适用性、基础数据的服务性为基础，并聚焦生物学、物候学、栽培繁殖要点和应用；以彩图翔实反映茎、叶、花、果实和种子特征为依据，在完善建立迁地栽培植物资源动态信息平台和迁地保育植物的引种信息评价、保育现状评价管理系统的基础上，以科、属或具有特殊用途、特殊类别的专类群的整理规范，采用图文并茂方式编撰成卷（册）并鼓励编研创新。编撰全面收录了中国的植物园、公园等迁地保护和收集栽培的高等植物，服务于我国农林、医药、环保、新兴生物产业的源头资源信息和源头资源种质，也将为诸如气候变化背景下植物适应性机理、比较植物遗传学、比较植物生理学、入侵植物生物学等现代学科领域及植物资源的深度发掘提供基础性科学数据和种质资源材料。

《中国迁地栽培植物志》总计约60卷册，10～20年完成。计划2015—2020年完成20～25卷册的开拓性工作。同时以此推动《世界迁地栽培植物志》（*Ex Situ Flora of the World*）计划，形成以我国为主的国际植物资源编目和基础植物数据库建立的项目引领效应。今《中国迁地栽培植物志·苦苣苔科》书稿付梓在即，谨此为序。

黄宏文
2021年5月18日于广州

前言 PREFACE

我国的苦苣苔科（Gesneriaceae）植物资源非常丰富。多年来，国内许多植物园都在开展苦苣苔科植物的迁地保护工作，并取得一些成果，但对迁地栽培的苦苣苔科植物物种形态特征、物候及栽培管理技术等缺乏系统记录和整理，对苦苣苔科植物在不同植物园迁地保育中的表现进行比较研究等方面的工作也相对做得较少。为此，我们邀请保育苦苣苔科植物种类较多的植物园共同编写此书，充分利用植物园实地观察的优势，为苦苣苔科植物的研究提供翔实的活体植物生长发育特征数据和技术要点。

本书编撰说明如下。

1. 本书只收录了保育苦苣苔科植物较多的植物园收集的苦苣苔科植物中资料（含照片）较为齐全的物种（19属169种）。物种拉丁名主要是在 *Flora of China* 第十八卷的基础上，参考近年来苦苣苔科属一级水平修订的最新文献予以确定；属和种均按拉丁名字母顺序排列。

2. 概述部分简要介绍苦苣苔科植物的研究进展，包括苦苣苔科种质资源概况、系统演化及分类、繁殖技术及园林应用价值等。

3. 每种植物介绍包括中文名、拉丁名等分类学信息和自然分布、迁地栽培环境、迁地栽培形态特征、濒危状态、引种信息、物候、迁地栽培要点及主要用途，并附彩色照片。

4. 物种编写规范

（1）迁地栽培形态特征按茎、叶、花、果顺序分别描述。同一物种在不同植物园的迁地栽培形态有显著差异者，均进行客观描述。

（2）引种信息尽可能全面地包括：登录号/引种号+引种地点+引种材料；引种记录不详的，标注为"引种信息缺失"。

（3）物候主要描述花期、果期。

（4）本书收录的彩色照片均为本卷参编和主审人员拍摄，包括各物种的植株、茎、叶、花、果、种子等，同时还对部分物种的花结构进行了详细记录。

5. 为便于读者进一步查阅，书后附有参考文献、各植物园的地理环境、物种中文名和拉丁名索引。

在编写的过程中，编者发现我国植物园迁地保护工作中存在不少问题，很多引种记录不够完整和规范，或是由于年代久远，引种资料未能及时归档进而缺失，上述多种因素导致迁地保护的植物来源不清。地理种源不明使数据的科学性大打折扣。这些问题提醒我们在今后的迁地保护工作中必须做好引种数据的规范记录，并及时归档管理，重视物候观测，收集科学数据。此外，苦苣苔科部分属的植物迁地栽培比例很低，主要是由于其生境较为特殊，对栽培管理的技术、设施设备要求较高，迁地栽培成活率较低。

此书是苦苣苔科植物在我国植物园的收集、研究、利用情况的初步整理和探索，希望借由此书的出版，进一步促进我国植物园对苦苣苔科植物的收集、研究和推广应用。

本书的出版，有赖于全国5个植物园共同努力和团结协作，它们是：深圳市中国科学院仙湖植物园（以下简称仙湖植物园）、中国科学院昆明植物研究所（以下简称昆明植物园）、广西壮族自治区中国科学院广西植物研究所（以下简称桂林植物园）、上海植物园、贵州省植物园，以上植物园按所处地理位置由南向北依次排列。在此谨向为本书付出心血的单位和个人表示最诚挚的感谢！

值得一提的是，设址于桂林植物园的"国家苦苣苔科种质资源库""中国野生植物保护协会苦苣苔专业委员会"和"中国苦苣苔科植物保育中心"为我国苦苣苔科植物的迁地保护工作做出了重要贡献，并为本书的编写给予了大力支持和帮助！特别是中国野生植物保护协会苦苣苔专业委员会的相关单位不同程度地参与本书的编写，在此深表感谢！

《中国迁地栽培植物志·苦苣苔科》是数家植物园共同努力的成果。憾于部分引种记录数据的不完整、缺失，另加上编者学识水平有限，书中疏漏甚至错误之处在所难免，敬请读者批评指正。

作者
2021年2月

目录 CONTENTS

序 6

前言 8

概述 16

 一、苦苣苔科植物种质资源概况 18

 二、苦苣苔科植物的系统演化和分类 19

 三、苦苣苔科植物的观赏价值和园林应用价值 20

 四、苦苣苔科植物的繁殖 22

各论 24

 芒毛苣苔属 *Aeschynanthus* Jack 26

  1 芒毛苣苔 *Aeschynanthus acuminatus* Wall. ex A. DC. 27

  2 小齿芒毛苣苔 *Aeschynanthus chiritoides* C. B. Clarke 29

  3 长茎芒毛苣苔 *Aeschynanthus longicaulis* Wall. ex R. Br. 31

  4 滇南芒毛苣苔 *Aeschynanthus micranthus* C. B. Clarke 33

 异唇苣苔属 *Allocheilos* W. T. Wang 35

  5 广西异唇苣苔 *Allocheilos guangxiensis* H. Q. Wen, Y. G. Wei & S. H. Zhong ... 36

 异片苣苔属 *Allostigma* W. T. Wang 38

  6 异片苣苔 *Allostigma guangxiense* W. T. Wang 39

 大苞苣苔属 *Anna* Pellegr. 41

  7 软叶大苞苣苔 *Anna mollifolia* (W. T. Wang) W. T. Wang & K. Y. Pan 42

  8 红花大苞苣苔 *Anna rubidiflora* S. Z. He, F. Wen & Y. G. Wei 44

 珊瑚苣苔属 *Corallodiscus* Batalin 46

  9 西藏珊瑚苣苔 *Corallodiscus lanuginosus* (Wall. ex R. Br.) Burtt 47

奇柱苣苔属 *Deinostigma* W. T. Wang & Z. Y. Li ···49

    10 多痕奇柱苣苔 *Deinostigma cicatricosum* (W. T. Wang) D. J. Middleton & Mich. Möller ········50

    11 弯果奇柱苣苔 *Deinostigma cyrtocarpum* (D. Fang & L. Zeng) Mich. Möller & H. J. Atkins ········52

光叶苣苔属 *Glabrella* Mich. Möller & W. H. Chen ···54

    12 盾叶光叶苣苔 *Glabrella longipes* (Hemsl. ex Oliv.) Mich. Möller & W. H. Chen ················55

    13 革叶光叶苣苔 *Glabrella mihieri* (Franch.) Mich. Möller & W. H. Chen ·······························57

半蒴苣苔属 *Hemiboea* Clarke ···59

    14 披针叶半蒴苣苔 *Hemiboea angustifolia* F. Wen & Y. G. Wei ···60

    15 贵州半蒴苣苔 *Hemiboea cavaleriei* Lévl. var. *cavaleriei* ··62

    16 疏脉半蒴苣苔 *Hemiboea cavaleriei* Lévl. var. *paucinervis* W. T. Wang & Z. Yu Li ·········64

    17 华南半蒴苣苔 *Hemiboea follicularis* C. B. Clarke ··66

    18 纤细半蒴苣苔 *Hemiboea gracilis* Franch. var. *gracilis* ···68

    19 龙州半蒴苣苔 *Hemiboea longzhouensis* W. T. Wang ex Z. Yu Li ···70

    20 大苞半蒴苣苔 *Hemiboea magnibracteata* Y. G. Wei & H. Q. Wen ·····································72

    21 麻栗坡半蒴苣苔 *Hemiboea malipoensis* Y. H. Tan ···74

    22 柔毛半蒴苣苔 *Hemiboea mollifolia* W. T. Wang & K. Y. Pan ···76

    23 单座苣苔 *Hemiboea ovalifolia* (W. T. Wang) A. Weber & Mich. Möller ·····························78

    24 拟大苞半蒴苣苔 *Hemiboea pseudomagnibracteata* B. Pan & W. H. Wu ··························80

    25 紫花半蒴苣苔 *Hemiboea purpurea* Yan Liu & W. B. Xu ···82

    26 粉花半蒴苣苔 *Hemiboea roseoalba* S. B. Zhou, Xin Hong & F. Wen ································84

    27 红苞半蒴苣苔 *Hemiboea rubribracteata* Z. Y. Li & Yan Liu ···86

    28 中越半蒴苣苔 *Hemiboea sinovietnamica* W. B. Xu & X. Y. Zhuang ·····································88

    29 半蒴苣苔 *Hemiboea subcapitata* C. B. Clarke var. *subcapitata* ···90

汉克苣苔属 *Henckelia* Spreng. ···92

    30 圆叶汉克苣苔 *Henckelia dielsii* (Borza) D. J. Middleton & Mich. Möller ····························93

    31 滇川汉克苣苔 *Henckelia forrestii* (J. Anthony) D. J. Middleton & Mich. Möller ··············95

    32 大叶汉克苣苔 *Henckelia grandifolia* A. Dietr. ···97

    33 合苞汉克苣苔 *Henckelia infundibuliformis* (W. T. Wang) D. J. Middleton & Mich. Möller ········99

    34 斑叶汉克苣苔 *Henckelia pumila* (D. Don) A. Dietr. ··101

    35 美丽汉克苣苔 *Henckelia speciosa* (Kurz) D. J. Middleton & Mich. Möller ·······················103

吊石苣苔属 *Lysionotus* D. Don ···105

    36 攀援吊石苣苔 *Lysionotus chingii* Chun ex W. T. Wang ···106

    37 多齿吊石苣苔 *Lysionotus denticulosus* W. T. Wang ···108

    38 吊石苣苔 *Lysionotus pauciflorus* Maxim. var. *pauciflorus* ··110

    39 齿叶吊石苣苔 *Lysionotus serratus* D. Don var. *serratus* ··112

盾叶苣苔属 *Metapetrocosmea* W. T. Wang ···114

    40 盾叶苣苔 *Metapetrocosmea peltata* (Merr. & Chun) W. T. Wang ······································115

马铃苣苔属 *Oreocharis* Benth. ··· 117

    41 心叶马铃苣苔 *Oreocharis cordatula* (Craib) Pellegr. ··· 118

    42 齿叶瑶山苣苔 *Oreocharis dayaoshanioides* Yan Liu & W. B. Xu ································· 120

    43 异萼直瓣苣苔 *Oreocharis dimorphosepala* (W. H. Chen & Y. M. Shui) Mich. Möller ···· 122

    44 剑川马铃苣苔 *Oreocharis georgei* J. Anthony ·· 124

    45 川滇马铃苣苔 *Oreocharis henryana* Oliv. ·· 126

    46 长叶粗筒苣苔 *Oreocharis longifolia* (Craib) Mich. Möller & A. Weber ······················· 128

    47 圆叶马铃苣苔 *Oreocharis rotundifolia* K. Y. Pan ·· 130

    48 弥勒苣苔 *Oreocharis mileensis* (W. T. Wang) Mich. Möller & A. Weber ····················· 132

喜鹊苣苔属 *Ornithoboea* Parish ex C. B. Clarke ··· 134

    49 灰岩喜鹊苣苔 *Ornithoboea calcicola* C. Y. Wu ex H. W. Li ·· 135

蛛毛苣苔属 *Paraboea* (C. B. Clarke) Ridl. ··· 137

    50 网脉蛛毛苣苔 *Paraboea dictyoneura* (Hance) Burtt ··· 138

    51 独山蛛毛苣苔 *Paraboea dushanensis* W. B. Xu & M. Q. Han ·· 140

    52 丝梗蛛毛苣苔 *Paraboea filipes* (Hance) Burtt ··· 142

    53 桂林蛛毛苣苔 *Paraboea guilinensis* L. Xu & Y. G. Wei ·· 144

    54 锈色蛛毛苣苔 *Paraboea rufescens* (Franch.) Burtt ··· 146

    55 蛛毛苣苔 *Paraboea sinensis* (Oliv.) Burtt var. *sinensis* ··· 148

    56 锥序蛛毛苣苔 *Paraboea swinhoii* (Hance) B. L. Burtt ··· 150

    57 四苞蛛毛苣苔 *Paraboea tetrabracteata* F. Wen, Xin Hong & Y. G. Wei ······················ 152

    58 文山蛛毛苣苔 *Paraboea wenshanensis* Xin Hong & F. Wen ··· 154

    59 湘桂蛛毛苣苔 *Paraboea xiangguiensis* W. B. Xu & B. Pan ··· 156

石山苣苔属 *Petrocodon* Hance ··· 158

    60 朱红苣苔 *Petrocodon coccineus* (C. Y. Wu ex H. W. Li) Yin Z. Wang ··························· 159

    61 革叶石山苣苔 *Petrocodon coriaceifolius* (Y. G. Wei) Y. G. Wei & Mich. Möller ········ 161

    62 石山苣苔 *Petrocodon dealbatus* Hance ·· 163

    63 东南石山苣苔 *Petrocodon hancei* (Hemsl.) A. Weber & Mich. Möller ························· 165

    64 河池石山苣苔 *Petrocodon hechiensis* (Y. G. Wei, Yan Liu & F. Wen) Y. G. Wei & Mich. Möller ··· 167

    65 湖南石山苣苔 *Petrocodon hunanensis* X. L. Yu & Ming Li ·· 169

    66 弄岗石山苣苔 *Petrocodon longgangensis* W. H. Wu & W. B. Xu ·································· 171

    67 陆氏石山苣苔 *Petrocodon lui* (Yan Liu & W. B. Xu) A. Weber & Mich. Möller ········· 173

    68 多花石山苣苔 *Petrocodon multiflorus* F. Wen & Y. S. Jiang ·· 175

    69 近革叶石山苣苔 *Petrocodon pseudocoriaceifolius* Yan Liu & W. B. Xu ······················ 177

石蝴蝶属 *Petrocosmea* Oliv. ··· 179

    70 秋海棠叶石蝴蝶 *Petrocosmea begoniifolia* C. Y. Wu ex H. W. Li ·································· 180

    71 贵州石蝴蝶 *Petrocosmea cavaleriei* Lévl. ·· 182

    72 金羊毛石蝴蝶 *Petrocosmea chrysotricha* M. Q. Han, H. Jiang & Yan Liu ··················· 184

    73 绵毛石蝴蝶 *Petrocosmea crinita* (W. T. Wang) Z. J. Qiu ··· 186

74 菱软石蝴蝶 *Petrocosmea flaccida* Craib ············188
75 大理石蝴蝶 *Petrocosmea forrestii* Craib ············190
76 光喉石蝴蝶 *Petrocosmea glabristoma* Z. J. Qiu & Yin Z. Wang ············192
77 大叶石蝴蝶 *Petrocosmea grandifolia* W. T. Wang ············194
78 合溪石蝴蝶 *Petrocosmea hexiensis* S. Z. Zhang & Z. Y. Liu ············196
79 蒙自石蝴蝶 *Petrocosmea iodioides* Hemsl. ············198
80 长药石蝴蝶 *Petrocosmea* × *longianthera* Z. J. Qiu & Yin Z. Wang ············200
81 小石蝴蝶 *Petrocosmea minor* Hemsl. ············202
82 扁圆石蝴蝶 *Petrocosmea oblata* Craib ············204
83 黄斑石蝴蝶 *Petrocosmea xanthomaculata* G. Q. Gou & X. Yu Wang ············206
84 兴义石蝴蝶 *Petrocosmea xingyiensis* Y. G. Wei & F. Wen ············208
85 砚山石蝴蝶 *Petrocosmea yanshanensis* Z. J. Qiu & Y. Z. Wan ············210

报春苣苔属 *Primulina* Hance ············212
86 白萼报春苣苔 *Primulina albicalyx* B. Pan & Li H. Yang ············213
87 淡黄报春苣苔 *Primulina alutacea* F. Wen, B. Pan & B. M. Wang ············215
88 异序报春苣苔 *Primulina anisocymosa* F. Wen, Xin Hong & Z. J. Qiu ············217
89 银叶报春苣苔 *Primulina argentea* Xin Hong, F. Wen & S. B. Zhou ············219
90 百寿报春苣苔 *Primulina baishouensis* (Y. G. Wei, H. Q. Wen & S. H. Zhong) Yin Z. Wang ············221
91 北流报春苣苔 *Primulina beiliuensis* B. Pan & S. X. Huang ············223
92 羽裂小花苣苔 *Primulina bipinnatifida* (W. T. Wang) Yin Z. Wang & J. M. Li ············225
93 博白报春苣苔 *Primulina bobaiensis* Q. K. Li, B. Pan & Qiang Zhang ············227
94 泡叶报春苣苔 *Primulina bullata* S. N. Lu & F. Wen ············229
95 囊筒报春苣苔 *Primulina carinata* Y. G. Wei, F. Wen & H. Z. Lü ············231
96 心叶报春苣苔 *Primulina cordata* Mich. Möller & A. Weber ············233
97 心叶小花苣苔 *Primulina cordifolia* (D. Fang & W. T. Wang) Yin Z. Wang ············235
98 弯花报春苣苔 *Primulina curvituba* B. Pan, L. H. Yang & M. Kang ············237
99 东莞报春苣苔 *Primulina dongguanica* F. Wen, Y. G. Wei & R. Q. Luo ············239
100 中华报春苣苔 *Primulina dryas* (Dunn) Mich. Möller & A. Weber ············241
101 牛耳朵 *Primulina eburnea* (Hance) Yin Z. Wang ············243
102 凤山报春苣苔 *Primulina fengshanensis* F. Wen & Yue Wang ············245
103 蚂蝗七 *Primulina fimbrisepala* (Hand.-Mazz.) Yin Z. Wang var. *fimbrisepala* ············247
104 黄斑报春苣苔 *Primulina flavimaculata* (W. T. Wang) Mich. Möller & A. Weber ············249
105 多花报春苣苔 *Primulina floribunda* (W. T. Wang) Mich. Möller & A. Weber ············251
106 巨叶报春苣苔 *Primulina gigantea* F. Wen, B. Pan & W. H. Luo ············253
107 恭城报春苣苔 *Primulina gongchengensis* Y. S. Huang & Yan Liu ············255
108 桂林报春苣苔 *Primulina gueilinensis* (W. T. Wang) Yin Z. Wang & Yan Liu ············257
109 贵港报春苣苔 *Primulina guigangensis* L. Wu & Qiang Zhang ············259
110 桂海报春苣苔 *Primulina guihaiensis* (Y. G. Wei, B. Pan & W. X. Tang) Mich. Möller & A. Weber ············261

111 桂中报春苣苔 *Primulina guizhongensis* Bo Zhao, B. Pan & F. Wen ⋯⋯⋯⋯⋯⋯⋯⋯⋯⋯⋯⋯263

112 肥牛草 *Primulina hedyotidea* (Chun) Yin Z. Wang ⋯⋯⋯⋯⋯⋯⋯⋯⋯⋯⋯⋯⋯⋯⋯⋯⋯⋯⋯265

113 衡山报春苣苔 *Primulina hengshanensis* L. H. Liu & K. M. Liu ⋯⋯⋯⋯⋯⋯⋯⋯⋯⋯⋯⋯⋯267

114 异色报春苣苔 *Primulina heterochroa* F. Wen & B. D. Lai ⋯⋯⋯⋯⋯⋯⋯⋯⋯⋯⋯⋯⋯⋯⋯269

115 烟叶报春苣苔 *Primulina heterotricha* (Merr.) Yin Z. Wang ⋯⋯⋯⋯⋯⋯⋯⋯⋯⋯⋯⋯⋯⋯271

116 河池报春苣苔 *Primulina hochiensis* (Chang Chun Huang & X. X. Chen) Mich. Möller & A.Weber var. *hochiensis* ⋯⋯273

117 湖南报春苣苔 *Primulina hunanensis* K. M. Liu & X. Z. Cai ⋯⋯⋯⋯⋯⋯⋯⋯⋯⋯⋯⋯⋯⋯⋯275

118 靖西小花苣苔 *Primulina jingxiensis* (Yan Liu, W. B. Xu & H. S. Gao) W. B. Xu & K. F. Chung ⋯⋯277

119 癞叶报春苣苔 *Primulina leprosa* (Yan Liu & W. B. Xu) W. B. Xu & K. F. Chung ⋯⋯⋯⋯⋯279

120 荔波报春苣苔 *Primulina liboensis* (W. T. Wang & D. Y. Chen) Mich. Möller & A.Weber ⋯⋯⋯281

121 漓江报春苣苔 *Primulina lijiangensis* (B. Pan & W. B. Xu) W. B. Xu & K. F. Chung ⋯⋯⋯⋯283

122 线萼报春苣苔 *Primulina linearicalyx* F. Wen, B. D. Lai & Y. G. Wei ⋯⋯⋯⋯⋯⋯⋯⋯⋯⋯⋯285

123 线叶报春苣苔 *Primulina linearifolia* (W. T. Wang) Yin Z. Wang ⋯⋯⋯⋯⋯⋯⋯⋯⋯⋯⋯⋯⋯287

124 香花报春苣苔 *Primulina linglingensis* (W. T. Wang) Mich. Möller & A. Weber var. *fragrans* ⋯⋯⋯289

125 柳江报春苣苔 *Primulina liujiangensis* (D. Fang & D. H. Qin) Yan Liu ⋯⋯⋯⋯⋯⋯⋯⋯⋯⋯291

126 弄岗报春苣苔 *Primulina longgangensis* (W. T. Wang) Yan Liu & Yin Z. Wang ⋯⋯⋯⋯⋯⋯293

127 龙氏报春苣苔 *Primulina longii* (Z. Yu Li) Z. Yu Li ⋯⋯⋯⋯⋯⋯⋯⋯⋯⋯⋯⋯⋯⋯⋯⋯⋯⋯⋯295

128 龙州报春苣苔 *Primulina lungzhouensis* (W. T. Wang) Mich. Möller & A. Weber ⋯⋯⋯⋯⋯⋯297

129 黄花牛耳朵 *Primulina lutea* (Yan Liu & Y. G. Wei) Mich. Möller & A. Weber ⋯⋯⋯⋯⋯⋯⋯299

130 浅黄报春苣苔 *Primulina lutescens* B. Pan & H. S. Ma ⋯⋯⋯⋯⋯⋯⋯⋯⋯⋯⋯⋯⋯⋯⋯⋯⋯⋯301

131 黄纹报春苣苔 *Primulina lutvittata* F. Wen & Y. G. Wei ⋯⋯⋯⋯⋯⋯⋯⋯⋯⋯⋯⋯⋯⋯⋯⋯⋯303

132 粗齿报春苣苔 *Primulina macrodonta* (D. Fang & D. H. Qin) Mich. Möller & A. Weber ⋯⋯⋯305

133 大根报春苣苔 *Primulina macrorhiza* (D. Fang & D. H. Qin) Mich. Möller & A. Weber ⋯⋯⋯307

134 花叶牛耳朵 *Primulina maculata* W. B. Xu & J. Guo ⋯⋯⋯⋯⋯⋯⋯⋯⋯⋯⋯⋯⋯⋯⋯⋯⋯⋯⋯309

135 药用报春苣苔 *Primulina medica* (D. Fang ex W. T. Wang) Yin Z. Wang ⋯⋯⋯⋯⋯⋯⋯⋯⋯311

136 微斑报春苣苔 *Primulina minutimaculata* (D. Fang & W. T. Wang) Yin Z. Wang ⋯⋯⋯⋯⋯⋯313

137 南丹报春苣苔 *Primulina nandanensis* (S. X. Huang, Y. G. Wei & W. H. Luo) Mich. Möller & A. Weber ⋯⋯315

138 条叶报春苣苔 *Primulina ophiopogoides* (D. Fang & W. T. Wang) Yin Z. Wang ⋯⋯⋯⋯⋯⋯317

139 石蝴蝶状报春苣苔 *Primulina petrocosmeoides* B. Pan & F. Wen ⋯⋯⋯⋯⋯⋯⋯⋯⋯⋯⋯⋯⋯⋯319

140 羽裂报春苣苔 *Primulina pinnatifida* (Hand.-Mazz.) Yin Z. Wang ⋯⋯⋯⋯⋯⋯⋯⋯⋯⋯⋯⋯⋯321

141 紫纹报春苣苔 *Primulina pseudoeburnea* (D. Fang & W. T. Wang) Mich. Möller & A. Weber ⋯⋯⋯323

142 阳朔小花苣苔 *Primulina pseudoglandulosa* W. B. Xu & K. F. Chung ⋯⋯⋯⋯⋯⋯⋯⋯⋯⋯⋯325

143 假烟叶报春苣苔 *Primulina pseudoheterotricha* (T. J. Zhou, B. Pan & W. B. Xu) Mich. Möller & A. Weber ⋯327

144 拟粉花报春苣苔 *Primulina pseudoroseoalba* Jian Li, F. Wen & L. J. Yan ⋯⋯⋯⋯⋯⋯⋯⋯⋯⋯329

145 尖萼报春苣苔 *Primulina pungentisepala* (W. T. Wang) Mich. Möller & A. Weber ⋯⋯⋯⋯⋯⋯331

146 紫花报春苣苔 *Primulina purpurea* F. Wen, Bo Zhao & Y. G. Wei ⋯⋯⋯⋯⋯⋯⋯⋯⋯⋯⋯⋯⋯333

147 融安报春苣苔 *Primulina ronganensis* (D. Fang & Y. G. Wei) Mich. Möller & A.Weber ⋯⋯⋯⋯335

148 融水报春苣苔 *Primulina rongshuiensis* (Yan Liu & Y. S. Huang) W. B. Xu & K. F. Chung 337

149 卵圆报春苣苔 *Primulina rotundifolia* (Hemsl.) Mich. Möller & A. Weber 339

150 红苞报春苣苔 *Primulina rubribracteata* Z. L. Ning & M. Kang 341

151 硬叶报春苣苔 *Primulina sclerophylla* (W. T. Wang) Yin Z. Wang 343

152 寿城报春苣苔 *Primulina shouchengensis* (Z. Yu Li) Z. Yu Li 345

153 中越报春苣苔 *Primulina sinovietnamica* W. H. Wu & Qiang Zhang 347

154 焰苞报春苣苔 *Primulina spadiciformis* (W. T. Wang) Mich. Möller & A. Weber 349

155 菱叶报春苣苔 *Primulina subrhomboidea* (W. T. Wang) Yin Z. Wang 351

156 钟冠报春苣苔 *Primulina swinglei* (Merr.) Mich. Möller & A.Weber 353

157 报春苣苔 *Primulina tabacum* Hance 355

158 神农架报春苣苔 *Primulina tenuituba* (W. T. Wang) Yin Z. Wang 357

159 天等报春苣苔 *Primulina tiandengensis* (F. Wen & H. Tang) F. Wen & K. F. Chung 359

160 三苞报春苣苔 *Primulina tribracteata* (W. T. Wang) Mich. Möller & A. Weber 361

161 多色报春苣苔 *Primulina versicolor* F. Wen, B. Pan & B. M. Wang 363

162 文采报春苣苔 *Primulina wentsaii* (D. Fang & L. Zeng) Yin Z. Wang 365

163 阳朔报春苣苔 *Primulina yangshuoensis* Y. G. Wei & F. Wen 367

164 英德报春苣苔 *Primulina yingdeensis* Z. L. Ning, M. Kang & X. Y. Zhuang 369

165 永福报春苣苔 *Primulina yungfuensis* (W. T. Wang) Mich. Möller & A. Weber 371

166 资兴报春苣苔 *Primulina zixingensis* L. H. Yang & B. Pan 373

异裂苣苔属 *Pseudochirita* W. T. Wang 375

167 异裂苣苔 *Pseudochirita guangxiensis* (S. Z. Huang) W. T. Wang 376

168 粉绿异裂苣苔 *Pseudochirita guangxiensis* (S. Z. Huang) W. T. Wang var. *glauca* Y. G. Wei & Yan Liu 378

长冠苣苔属 *Rhabdothamnopsis* Hemsl. 380

169 长冠苣苔 *Rhabdothamnopsis chinensis* (Franch.) Hand.-Mazz. 381

参考文献 383

附录1 相关植物园栽培苦苣苔科植物种类统计表 386

附录2 相关植物园的地理位置和自然环境 391

中文名索引 392

拉丁名索引 395

概述
Overview

苦苣苔科（Gesneriaceae）属于核心真双子叶植物中菊类分支的唇形目（Lamiales）（The Angiosperm Phylogeny Group，2016），在欧洲、亚洲、非洲、南美洲都有分布。按照传统的分类观点，苦苣苔科植物在亚洲以及美洲大约分布有60个属，而在非洲则大约分布有9个属，在欧洲分布有3个属（李振宇，1996；Weber et al.，2013）。在分子系统学迅猛发展的今天，早期根据经典形态分类学界定的苦苣苔科内属的概念已经发生了很大的变化。至于苦苣苔科内种的数量，依据不同的分类观点以及近年来剧增的合格发表的新分类群，其数量目前应该在3200~3400种，当然也随着对全球热带和亚热带甚至温带区域野外调查的深入而不断刷新（Weber et al.，2007）。在我国的苦苣苔科植物中，由于近年来中国和越南共有分布属——报春苣苔属（Primulina Hance）的新分类群大量被发现和正式发表，目前这个属也一跃成为拥有超过200种的大属。

苦苣苔科植物除极少数类群适应力比较强外，绝大多数是完全依赖于特殊的优良小生境来维持生存（Chen et al.，2014），一旦其赖以生存的微环境发生变化，往往代表着这一区域该物种或某一类群的消亡，如目前基本认定已灭绝的圆果苣苔（Gyrogyne subaequifolia W. T. Wang）就是一个很好的例子（李振宇 等，2005）。换言之，与野生兰科植物被列为《野生动植物濒危物种国际贸易公约》（CITES）名录而获得了一定程度上的保护相比，苦苣苔科植物的濒危程度和重要性及其对生物多样性的贡献显然是被低估了的。

一、苦苣苔科植物种质资源概况

苦苣苔科植物以其千姿百态的形态变化、色系丰富而绚丽的花朵、独特的室内观赏特性以及对荫蔽环境的高度适应性，是世界各大植物园收集引种栽培的重要类群，也因此深受国内外植物和园艺爱好者的喜爱。例如，目前在花卉市场上畅销的苦苣苔科花卉，大多是来自热带美洲和非洲的种类及其杂交后代形成的品种群和杂种品系，如非洲紫罗兰属（Saintpaulia H. Wendl.）[现已并入扭果花属（海角苣苔属）（Streptocarpus Lindl.）]、长筒花属（Achimenes Pers.）、大岩桐属（Sinningia Nees.）等；也有少数来自热带亚洲的种类被欧美的育种家选育出了不同的园艺品种，如原产亚洲热带地区的口红花（Aeschynanthus radicans Jack）等。这类植物在荷兰、英国、美国、加拿大、新西兰、澳大利亚和日本等发达国家和地区普及程度很高，几乎家喻户晓，甚至已经成为当地花卉市场上的主角，为家庭装饰和居家生活中必不可少的观赏植物，每年创造的经济价值相当可观。我国苦苣苔科植物主要分布于长江以南地区，尤以西南至华南的富含钙镁元素的喀斯特地貌的独特生境物种分化最为剧烈，生物多样性也最为集中。

尤其值得一提的是石山苣苔属（Petrocodon Hance）和报春苣苔属（primulina Hace）。这两个属均以我国华南至西南地区的石灰岩山地为现代分布与分化中心，并向南扩展到越南北部，向北拓殖到华东和华中地区。目前石山苣苔属除了1个分布在泰国的特有种淡黄石山苣苔（Petrocodon flavus D. J. Middleton & Sangvir.）以及1个分布在越南、老挝、泰国的波氏石山苣苔[P. bonii（Pellegr.）Mich. Möller & A. Weber]和越南的1个特有种越南石山苣苔（P. vietnamensis Z. B. Xin, T. V. Do & F. Wen）外，余下全部在我国有分布，且超过80%的物种是我国的特有种；而报春苣苔属植物我国目前已经正式发表和记录的物种超过了200种（含种下等级）。然而，随着全球变暖和各种极端气候的日益加剧，片面强调经济发展而忽视环境保护造成了大量污染，修路筑桥等基础建设使得诸多原生地环境的丧失等等，中国野生苦苣苔科植物在分布群落数量上发生了明显的变化。此外，较高的观赏价值和不切实际的药用价值也导致了资源过度利用。早在1999年国务院批准颁布的《国家重点保护野生植物名录（第一批）》中，有5种原产于中国的苦苣苔科植物被列为国家Ⅰ或Ⅱ级重点保护野生植物。随后出版的《中国物种红色名录：第一卷红色名录》中，有38种苦苣苔科植物濒危状况被评估。2005—2018年正式发表的新分类群中，根据世界自然保护同盟进行濒危等级评价最早出现于2009年，而此后发表的新分类群中进行了评价的总计有54种（占所有新发表类群的44.2%），然而在这54种中，被评为野外灭绝的1种（1.9%），极危的40种（68.5%），濒危10种（18.5%），易危5种（9.3%），仅有1种为无危（1.9%）！仅是新分类群的濒危现状就已如此岌岌可危，更何况绝大部分中国苦苣苔科植物尚未获得国家级或省级政策性保护措施。生态环境的退化和经济利益驱动下的"靠山吃山"的传统观点使得自然资源被过度利用，导致苦苣苔科植物资源现状日益窘迫。以报春苣苔属等为代表的国产苦苣苔科植物，目前原生种以及部分原生种育成的品种已经在国际市场以及我国的港澳台地区市场上出现，被誉为"东方紫罗兰""亚洲紫罗兰""中国紫罗兰"。尽管我国资源丰富，但针对国产苦苣苔科植物的开发和利用远未满足市场需求，而这一类群所具有的适应于高度荫蔽、狭小空间、人工光源等室内盆花的特点，远未被我国花卉业从业者所挖掘。

中国西南部和南部的石灰岩地区是中国苦苣苔科植物的分布中心，这些分布地多处在一些人迹罕至的边远山区。在国家实施"村村通"公路项目之前，山区交通闭塞，农业生产资料缺乏，对外交流少（周正祥 等，2010），进行野外考察工作难度较大，考察周期较长，同时鉴于缺乏一定的人力与野外考察专业设备，一些极艰险的野外地形条件，如天坑等，限制了科研人员的行动范围，因此许多苦苣苔科物种未能及时得以探索和发现。随着国家开始实施"村村通"公路项目，超过99.0%的乡镇和90%的建制村通了公路，扩大了人民群众的出行半径，大大缩短了城乡交通时间（史保华 等，2010），这也为科研人员进入到偏僻的地区开展野外考察活动创造了更为便利的条件。近十年来，越来越多的科研人员以及苦苣苔爱好者参与到中国苦苣苔科植物资源的调查和研究发掘中来，使得中国苦苣苔科植物的新分类群的发现出现了爆发性的增长。从认识这一类群的生物多样性的角度上出发，可以说"这是一个最好的时代"，但是从物种多样性丧失的速度和物种濒危现象加剧的角度出发，也可以说"这是一个最坏的时代"。

二、苦苣苔科植物的系统演化和分类

随着分子生物学技术手段的蓬勃发展，在过去20多年里高等植物的分类系统和科、属的定义与定位都出现较大的变化。传统概念上，根据地理概念苦苣苔科分为两大类，即旧世界类群和新世界类群，而根据子房上位、种子有少量或无胚乳、两枚子叶等大与否特征所定义的苦苣苔亚科（Cyrtandroideae）恰好大部分位于旧世界范围内，性状与之对应的大岩桐亚科（Gesnerioideae）则仅见于新世界范围之内（李振宇 等，2005）。最新分类系统则将苦苣苔科植物分为伞囊花亚科（Subfam. Sanangoideae A. Weber, J. L. Clark & Mich. Möller）、大岩桐亚科（Subfam. Gesnerioideae Burnett）和苦苣苔亚科（Subfam. Didymocarpoideae Arn.）（Weber et al., 2013）。由被子植物系统发育研究组Angiosperm Phylogeny Group建立的被子植物分类系统（APG IV系统）构架下的最新中国苦苣苔科植物分类系统已经能够大体反映出中国该科植物的自然演化情况（江南 等，2014；刘冰 等，2015；许为斌 等，2017；辛子兵 等，2019）。

我国的苦苣苔科植物全部隶属于原苦苣苔科分类系统中的苦苣苔亚科，因此《中国植物志》第六十九卷的编撰出版主要采用王文采（1990）的苦苣苔亚科分类系统（以下简称为王文采系统）。随着分子系统学的逐渐发展，分子系统学的技术、方法逐渐被引入苦苣苔科植物的研究中，如汪小全和李振宇（1998）利用rDNA片段序列［核糖体DNA中的内转录间隔区（ITS）序列以及5.8S rRNA基因的3'端序列］分析我国苦苣苔亚科的系统发育关系，认为传统上界定的以浆果苣苔（*Cyrtandra umbellifera* Merr.）为代表的浆果苣苔族（Trib. Cyrtandreae）和以软叶大苞苣苔［*Anna mollifolia* (W.T.Wang) W. T. Wang & K. Y. Pan］为代表的芒毛苣苔族（Trib. Trichosporeae）应该并入长蒴苣苔族（Trib. Didymocarpeae）。但该时期 *Flora of China* 第十八卷（Wang et al., 1998）未使用这一观点，而是仍沿袭王文采系统。同样的，在2011年以前的苦苣苔科植物专著《中国苦苣苔科植物》（李振宇 等，2005）、《华南苦苣苔科植物》（韦

毅刚 等，2010）以及地方性专著《广西植物名录》（覃海宁 等，2010）中，都是沿用了王文采系统，只是增加了3个新属和部分新种、合并掉一个属［裂檐苣苔属（*Schistolobos* W. T. Wang）并入后蕊苣苔属（*Opithandra* Burtt）］，其他基本维持不变。

近年来引入的分子系统学方法，能更好地诠释我国苦苣苔科属间的亲缘关系，也可以借此架构更符合自然发生规律的系统。自2011年，根据现代分子系统学联合传统经典形态学与细胞生物学的证据，针对我国苦苣苔科植物的修订分别由不同的研究团队独立开展。总体来说，目前苦苣苔科划分出的3个亚科中，因为大岩桐亚科新增加了来自东亚地区的单型属台闽苣苔属（*Titanotrichum* Soler.），这使得原按照地理分布和植物区系所划分的新旧世界分类无法体现亚科一级的自然演化。但除台闽苣苔属外，原旧世界自然分布的类群仍然全部隶属于苦苣苔亚科（辛子兵 等，2019）。

目前针对国产苦苣苔科植物所完成的主要修订有：

（1）9个国产的单型属、特有属和小型属——辐花苣苔属（*Thamnocharis* W. T. Wang）、短檐苣苔属（*Tremacron* Craib）、金盏苣苔属（*Isometrum* Craib）、直瓣苣苔属（*Ancylostemon* Craib）、粗筒苣苔属（*Briggsia* Craib）中的莲座状类群、后蕊苣苔属（含原裂檐苣苔属）、瑶山苣苔属（*Dayaoshania* W. T. Wang）、全唇苣苔属（*Deinocheilos* W. T. Wang）、弥勒苣苔属（*Paraisometrum* W. T. Wang），被并入广义的马铃苣苔属（*Oreocharis* s. l.）（四数苣苔属 *Bournea* Oliv. 2011年被并入广义马铃苣苔属，但又于2020年被恢复属一等级）。

（2）4个单型属［世纬苣苔属（*Tengia* Chun）、朱红苣苔属（*Calcareoboea* C. Y. Wu ex H. W. Li）、方鼎苣苔属（*Paralagarosolen* Y. G. Wei）、长檐苣苔属（*Dolicholoma* D. Fang & W. T. Wang）］，1个小型属［细筒苣苔属（*Lagarosolen* W. T. Wang）］，长蒴苣苔属（*Didymocarpus* Wall.）中的4个种，文采苣苔属（*Wentsaiboea* D. Fang & D. H. Qin）中的1个种和报春苣苔属的1个种，并入广义的石山苣苔属（*Petrocodon* s. l.）。

（3）单座苣苔属 *Metabriggsia* W. T. Wang被并入半蒴苣苔属 *Hemiboea* C. B. Clarke。

（4）几乎所有的原唇柱苣苔属（*Chirita* Buch. -Ham. ex D. Don）唇柱苣苔组（sect. *Gibbosaccus*）和小花苣苔属（*Chiritopsis* W. T. Wang）所有的种以及文采苣苔属的2个种被并入报春苣苔属（*Primulina* Hance）。原麻叶唇柱苣苔组（sect. *Chirita*）的所有种、部分唇柱苣苔组的种和密序苣苔属（*Hemiboeopsis* W. T. Wang）并入汉克苣苔属（*Henckelia* Spreng.）。

（5）原钩序唇柱苣苔组（*Chirita* sect. *Microchirita*）升级为属——钩序苣苔属［*Microchirita* (C.B.Clarke) Yin Z. Wang］（Wang et al., 2011；Weber et al., 2011a）。至此，原唇柱苣苔属被拆解取消。

（6）原粗筒苣苔属（*Briggsia* Craib）则被拆分为3个属。所有具有地上茎的种并入斜柱苣苔属（*Loxostigma* Clarke）（新拟，原紫花苣苔属）；具有莲座状植株的类群则并入广义马铃苣苔属；另外，有2个种，原盾叶粗筒苣苔［*Briggsia longipes* (Hemsl. ex Oliv.) Craib］和革叶粗筒苣苔［*B. mihieri* (Franch.) Craib］，因其具有无毛的营养器官、叶常以莲座状的形态簇生于延长或稍延长的肉质根状茎顶端等特殊特征，据此成立一新属——光叶苣苔属（*Glabrella* Mich. Möller & W. H. Chen）（Möller et al., 2014；Wen et al., 2015a, 2015b），原粗筒苣苔属也被拆解取消。

三、苦苣苔科植物的观赏价值和园林应用价值

大部分的苦苣苔科植物具有花大色艳、花型独特、辨识度高等特点，一贯以来是世界各大植物园、科研单位、高等院校的植物种质资源圃搜集和保存的重点对象。我国各大植物园很早以来就开始了具有较高的观赏价值苦苣苔科植物的收集工作。例如，尽管上海植物园1974年才建园，但作为其前身的"龙华苗圃"（1954—1973）早已开始培育和生产国外的苦苣苔科大岩桐［*Sinningia speciosa* (G. Lodd. ex Ker Gawl.)］Hiern的园艺品种。在1981年6月，时任技术室负责人的王大钧就提出了上海植物园应

百寿报春苣苔（*Primulina baishouensis*）

北流报春苣苔（*Primulina beiliuensis*）

盾叶光叶苣苔（*Glabrella longipes*）

革叶光叶苣苔（*Glabrella mihieri*）

重点引种苦苣苔科植物，开展相关科普展示和研究，并获得相关经费支持。20世纪80年代改革开放初，即使处于与国外交流不畅的时候，上海植物园经过多方努力，1984年便已收集到了13种苦苣苔科长筒花属植物（上海植物园编委会，2014）。而近年来，苦苣苔科植物专类展在各大植物园日渐兴起。还是以上海植物园为例，2016年春季，"上海（国际）花展暨首届苦苣苔科植物专类展"在上海植物园展出，展览以"绿野仙踪，精致园艺"为主题，采用餐桌、阳台、书桌等生活化的场景，营造出一种精致、舒适的氛围，深受广大市民和游客喜爱。此后，在2016年秋季、2017年秋季、2018年春季和秋季也分别多次举办了苦苣苔科植物的展览。其中以石蝴蝶属、喜荫花属、非洲紫罗兰属在展厅中表现最为优异，在较暗的室内灯光下展示长达1个月仍能保持很好的状态，甚至有些在展出结束后搬至保育温室内仍能继续开花。其他属植物的花朵大部分都会在2周左右凋谢，需要更换展品。在温室的日常造景中，常用到的苦苣苔科植物有6个属：芒毛苣苔属、喜荫花属、鲸鱼花属、报春苣苔属、海角苣苔属、大岩桐属。大部分在造景应用上表现优良，养护简便，花期较长，且抗病虫害性较强，是园林绿化应用的优良材料（秦佳奇，2019）。

随着各大植物园、科研院所、大专院校对苦苣苔科植物的重视程度日益提高，针对苦苣苔科植物不同类群的观赏性状评价也分别独立开展起来。例如，后蕊苣苔属（现已并入马铃苣苔属）（郭艳峰 等，2015）、唇柱苣苔属和小花苣苔属（现大部分已并入报春苣苔属）的初步评价已经完成，譬如，已经完成了报春苣苔属60个种、4个变种进行引种栽培及相关观赏性状观察和对比研究，按照观赏特性进行分析和评价，初步筛选出具有较高观赏价值和开发前途的29个种和3个变种植物，其评价标准涉及了植株形态、叶片、花序高度、花朵大小、开花繁密度、花色、群体开花延续期、花期、气味、附属物等指标（温放 等，2008）。一批具有极高观赏价值和应用前景的国产苦苣苔科植物物种也得以筛选出来，如毡毛后蕊苣苔［*Oreocharis sinohenryi*（Chun）Mich. Möller & A. Weber］、黄花牛耳朵［*Primulina lutea*（Yan Liu & Y. G. Wei）Mich. Möller & A. Weber］、寿城报春苣苔［*P. shouchengensis*（Z. Yu Li）Z. Yu Li］、百寿报春苣苔［*P. baishouensis*（Y. G. Wei, H. Q. Wen & S. H. Zhong）Yin Z. Wang］等。

四、苦苣苔科植物的繁殖

苦苣苔科植物的繁殖比较容易，有多种途径可以实现短时间内的个体大量增殖——包括种子繁殖、组培快繁、扦插繁殖、分株繁殖等。与其他科属植物不同的是，大部分苦苣苔科植物的叶片可以用于扦插繁殖，能够保持亲本的优良性状，子代的生长速度明显高于种子繁殖的后代，能够有效地估计子代数量，有助于短时间内得到较多的、规格相对一致的后代，是植物园中常用的繁殖方式。国内专门针对国产的苦苣苔科植物叶插繁殖已经有了不少的报道——如秦岭石蝴蝶（*Petrocosmea qinlingensis* W. T. Wang）（杨平 等，2016）、蚂蝗七、牛耳朵［*Primulina eburnea*（Hance）Yin Z. Wang］、尖萼报春苣苔［*P. pungentisepala*（W. T. Wang）Mich. Möller & A. Weber］、肥牛草［*P. hedyotidea*（Chun）Yin Z. Wang］、文采报春苣苔［*P. wentsaii*（D. Fang & L. Zeng）Yin Z. Wang］（温放 等，2007）、褐纹报春苣苔（*P. glandaceistriata* X. X. Zhu, F. Wen & H. Sun）、癞叶报春苣苔［*P. leprosa*（Yan Liu & W. B. Xu）W. B. Xu & K. F. Chung］、石蝴蝶状报春苣苔（*P. petrocosmeoides* B. Pan & F. Wen）（闫海霞 等，2018）等。试验结果表明，在不使用外源激素增加叶插成苗率的前提下，具有大中型叶的种——牛耳朵、蚂蝗七和尖萼报春苣苔可以使用两段式切割叶片来增加扦插成苗数；对于中小型叶或肉质叶的肥牛草、文采报春苣苔等以全叶插的方式更适合。基质、IBA浓度及切割方式对报春苣苔属植物的叶片扦插有明显的影响；其中泥炭混河沙（体积比1∶1）、泥炭混珍珠岩（体积比1∶1）是供试报春苣苔属植物适宜的叶插基质；200mg/L浓度的IBA处理插穗得到的子株数和子株叶片数最多；叶片不同切割方式对不同报春苣苔属植物的叶插效果不同，譬如褐纹报春苣苔以全切的方式为宜，癞叶报春苣苔和石蝴蝶状报春苣苔以不切的方式为宜，柳江报春苣苔不切、纵切、横切（叶尖朝上）和全切的方式皆可，大根报春苣苔以全切和纵切为宜（闫海霞 等，2018）。

一些具有地上茎的类群，如吊石苣苔属（*Lysionotus* D. Don），芒毛苣苔属（*Aeschynanthus* Jack），漏斗苣苔属（*Raphiocarpus* Chun），半蒴苣苔属（*Hemiboea* Clarke）等，可以采用茎段扦插繁殖，但仅节间成苗，除繁殖效率不如叶插外，其余基本等同于叶插繁殖——吊石苣苔的茎段扦插繁殖是比较容易的（刘伟 等，2010）。

对于大部分苦苣苔科植物而言，种子细小如尘，每一个果荚中容纳的数量庞大，如有大量种苗需求的时候，使用种子繁殖不失为一个理想的途径。但不同类群的苦苣苔科植物从种子萌发到植株开花所需时间不等，一年生的需要5~10个月的生长时间，最短4个月左右就能见花，而一些具有地上茎的类群，从播种到开花至少需要3~4年时间。由于遗传背景相对复杂，种子繁殖得到的后代常常表现出不一致的现象，有的时候在栽培管理上需要更为精细。另外，种子繁殖也不利于保存一些具有优良性状的单株。相对上述的繁殖方式，分株繁殖的繁育系数较低，并且在苦苣苔科植物的繁殖方法中，并不是一种常见和常用的繁殖方式，本文不再赘叙。组培快繁技术要求比较高，但是目前已经是一个常规的快繁和种质资源保存方式。目前已经成功实现了组培体系构建的中国国产苦苣苔科植物包括了报春苣苔属、马铃苣苔属、异裂苣苔属、双片苣苔属、芒毛苣苔属、石山苣苔属、长蒴苣苔属、石蝴蝶属、吊石苣苔属等属50余种。总体而言，以MS为基本培养基，不同的外植体的消毒方式，不同生长调节剂及其组合、不同光照、pH值、不同的培养基面上叶片的放置方式等因素对不定芽诱导及生根都会有不同的影响，需要深入研究。如在双片苣苔［Didymostigma obtusum（Clarke）W. T. Wang］，适量的链霉素有利于外植体消毒，叶片诱导不定芽发生的适宜培养基为MS+2.0μmol·L^{-1} TDZ+0.2μmol·L^{-1} NAA，叶柄诱导不定芽发生的适宜培养基为MS+2.0μmol·L^{-1} TDZ+1.0μmol·L^{-1} BA，pH为5.6～6.0，叶背面朝下接种有利于叶片不定芽的诱导发生，适当增强光照有利于芽苗的生长；适宜生根培养基为1/2MS+2μmol·L^{-1} IBA+2μmol·L^{-1} NAA，生根率达100%，根系生长较好（罗洁 等，2016）。而在报春苣苔属，以牛耳朵为例，外植体最佳消毒方法为用70%酒精浸泡30s，3% NaClO消毒2min；不定芽诱导最佳培养基为：WPM+3.0mg·L^{-1} 6-BA+1.0mg·L^{-1} 2-ip+0.1mg·L^{-1} NAA，诱导率为83.23%；不定芽增殖最佳培养基为MS+1.0mg·L^{-1} 6-BA+0.1mg·L^{-1} NAA+30.5mg·L^{-1} GA，增殖系数为16.0，且不定芽长势良好；生根培养基以1/2MS+0.1mg·L^{-1} IBA+0.05mg·L^{-1} NAA较好，生根率达92.35%（温放 等，2006；娄丽 等，2016）。总而言之，相对于其他科属植物而言，苦苣苔科植物的组培快繁和种质资源离体保存相对而言是比较易于实现的。

黄斑报春苣苔播种苗

永福报春苣苔扦插苗

瑶山苣苔组培苗

多齿吊石苣苔组培苗

各论
Genera and Species

芒毛苣苔属

Aeschynanthus Jack in Trans. Linn. Soc. London 14: 42. 1823.

附生小灌木。叶对生，也有3~4枚轮生，具柄或近无柄；叶片肉质，革质或纸质，全缘。花1~2朵腋生，或组成具多数花的聚伞花序；苞片小或大，卵形，通常于花期脱落。花萼钟状或筒状，5裂达基部，或5深裂至5浅裂并形成筒状。花冠多鲜艳，深红色、暗红色、鲜红色、橙色等，绿色、黄色或白色较为少见，筒近筒状，比檐部长，上部常弯曲，有时内面基部之上有1毛环，檐部直立或开展，不明显二唇形或明显二唇形，上唇2裂，下唇与上唇近等长或较长，3裂，裂片近等大或不等大。能育雄蕊4，二强，伸出花冠外或与花冠筒等长，花药长圆形，通常成对在顶端连着，偶见4枚花药一起在顶端连着，2药室平行，顶端不汇合；退化雄蕊1，位于后方中央，小，或不存在。花盘环状。雌蕊具柄，子房线形或长圆形，1室，花柱长或短，柱头扁球形。蒴果线形，室背纵裂成2瓣。种子多数，小，长圆形或纺锤形，在近种脐一端有1~2或多根毛状附属物，另一端有常有1根毛状附属物，少有在每端各有1条扁平的狭线形附属物。

约177种，自尼泊尔、印度东部向东至我国台湾，向东南南下经中南半岛、马来半岛和印度尼西亚至新几内亚岛。我国已知有36种，分布于西藏南部和东南部、云南、四川南部、贵州南部、广西、广东和台湾。

1 芒毛苣苔

Aeschynanthus acuminatus Wall. ex A. DC. in Prodr. 9: 263. 1845.

自然分布

西藏东南部、云南、广东、台湾，不丹、印度东北部、泰国、越南北部亦有；生于山谷林中树上或溪边石上，海拔300~1300m。

迁地栽培环境

  仙湖植物园 盆栽于玻璃房内。
  桂林植物园 盆栽于展示温室内。

迁地栽培形态特征

  附生小灌木。

  茎 无毛，常多分枝；枝条对生，灰色或灰白色。

  叶 对生，无毛；叶片薄纸质，长圆形、椭圆形或狭倒披针形，顶端渐尖或短渐尖，基部楔形或宽楔形，边缘全缘，侧脉每侧约5条，纤细，不太明显。

  花 花序生茎顶部叶腋，有1~3花；花序梗无毛；苞片对生，宽卵形，顶端钝或圆形，无毛；花梗无毛。花萼无毛，5裂至基部，裂片狭卵形至卵状长圆形，顶端钝或圆形。花冠红色，外面无毛，内面在口部及下唇基部有短柔毛。雄蕊伸出，花丝着生于花冠筒中部稍下处，下部及顶部有稀疏短腺毛，花药无毛；退化雄蕊丝形，无毛。花盘环形。雌蕊线形，无毛。

  果 未见。

濒危等级（Status）

  无危（LC）

引种信息

  仙湖植物园 自广东（QZJ-1309）引种成苗。生长良好。
  桂林植物园 自广西灵川（PB20190926）引种成苗。生长良好。

物候

  仙湖植物园 花期9月至翌年4月。
  桂林植物园 花期9~11月。

迁地栽培要点

  适应性较强，喜明亮光照的半阴环境，喜排水良好的土壤，栽培须提供足够空间以利于植株生长。采用枝叶扦插繁殖。

主要用途

主要用于观赏。全株供药用,治风湿骨痛等症。

花背面　花侧面

花序　花枝

2 小齿芒毛苣苔

Aeschynanthus chiritoides C. B. Clarke in Monogr. Phan. 5: 28. 1883.

开花植株

自然分布

云南东南部，广西西南部至越南北部也有分布；海拔900~1200m。

迁地栽培环境

桂林植物园　盆栽于展示温室内；露天栽培于树干上。

迁地栽培形态特征

附生小灌木。

茎　茎细，直径约1mm，被稍密的开展锈色柔毛，在节上生根，有分枝。

叶　对生或3枚轮生，边缘有2~4小齿（常在上部有1~2齿）。

花　聚伞花序腋生，具1花。花萼钟状，外面密被短柔毛，5裂近基部，裂片三角状披针形。花冠黄色或白色，外面被稍密的短柔毛，内面无毛；筒漏斗状；裂片长圆状卵形。

🟣果 未见。

濒危等级（Status）
　　无危（LC）

引种信息
　　桂林植物园　自广西那坡（WF150722-24）引种成苗。生长良好。

物候
　　桂林植物园　花期1月。

迁地栽培要点
　　适应性较强，喜明亮光照的半阴环境，喜排水良好的土壤，栽培须提供足够空间以利于植株生长。采用枝叶扦插繁殖。

主要用途
　　主要用于观赏。

花的解剖

花枝　　　　　　　　　　　　　　　　　　　花萼及雌蕊

3
长茎芒毛苣苔

Aeschynanthus longicaulis Wall. ex R. Br. in Plantae Javanicae Rariores 116. 1839.

栽培植株

自然分布

云南南部勐腊、勐养、景洪、绿春等地；附生于沟边或林下树干上，海拔500~800m。缅甸、泰国、越南至马来西亚亦有分布。

迁地栽培环境

昆明植物园 大温室内盆栽；与苔藓及保湿基质一起捆绑在造景立柱上。

上海植物园 大棚盆栽。

迁地栽培形态特征

附生小攀缘亚灌木。

🌿 茎 圆柱形，分枝，无毛，灰褐色，节上生根。

🌿 叶 对生，无毛；叶片坚纸质，披针形，有时略作镰形，顶端锐尖至渐尖，基部楔形，边缘全缘，略呈波状皱曲，两面具斑纹，中脉在叶面下陷，背面凸起，侧脉两面不明显；叶柄略粗壮，腹面具槽。

🌸 花 1~3花，腋生，花梗无毛；花萼无毛，5裂至近基部，裂片披针状线形，顶端长渐尖；花冠黄色，口部带玫红色，外面无毛，内面在冠筒离基部4mm处有毛环，筒形，上部略弯曲，檐部近二唇形，裂片边缘具小缘毛；雄蕊4，高伸出，花丝无毛，花药长圆形，成对相连；花盘环状，无毛；子房及花柱有腺柔毛，花柱高伸出。

🍎 果 未见。

濒危等级（Status）

无危（LC）

引种信息

昆明植物园 2018年自云南绿春引种成苗，生长良好。

上海植物园 自辰山植物园（2017-4-0026）引种成苗。生长良好。

物候

昆明植物园 花期10~12月。

上海植物园 花期3~7月。

迁地栽培要点

喜光，适于透气、湿润环境，盆栽悬挂或绑附于树干或景观柱。茎插繁殖。

主要用途

花艳丽，叶彩色，主要用于观赏。

4
滇南芒毛苣苔

Aeschynanthus micranthus C. B. Clarke in Monogr. Phan. 5: 27. 1883.

开花植株

自然分布

广西西部的大新、天等、东兰等，贵州西南部；生于石灰岩山林中树上、石上或悬崖上，海拔 400~1500m。

迁地栽培环境

盆栽于展示温室内；露天栽培于树干上。

迁地栽培形态特征

附生小灌木。

茎 无毛，常多分枝；枝条对生，灰色或灰白色。

叶 对生，无毛；叶片薄纸质，长圆形、椭圆形或狭倒披针形，顶端渐尖或短渐尖，基部楔形或宽楔形，边缘全缘，侧脉每侧约5条，纤细，不太明显。

花 花序生茎顶部叶腋，有1~3花；花序梗无毛；苞片对生，宽卵形，顶端钝或圆形，无毛；花梗无毛。花萼无毛，5裂至基部，裂片狭卵形至卵状长圆形，顶端钝或圆形。花冠红色，外面无毛，内面在口部及下唇基部有短柔毛。雄蕊伸出，花丝着生于花冠筒中部稍下处，下部及顶部有稀疏短腺毛，花药无毛；退化雄蕊丝形，无毛。花盘环形。雌蕊线形，无毛。

果 未见。

濒危等级（Status）

无危（LC）

引种信息

桂林植物园 自广西天等（PB20160422）引种成苗。生长良好。

昆明植物园 2015年引自云南金平，长势良好。

物候

桂林植物园 花期9~11月；果未见。

昆明植物园 花期8~10月；果未见。

迁地栽培要点

适应性较强，喜明亮光照的半阴环境，喜排水良好的土壤，栽培须提供足够空间以利于植株生长。采用枝叶扦插繁殖。

主要用途

主要用于观赏。

花侧面2 | 花枝

异唇苣苔属

Allocheilos W. T. Wang in Acta Phytotax. Sin. 21(3): 321. 1983.

多年生小草本，无茎；根状茎圆柱形，细。叶均基生，具柄，近圆形，具羽状脉。聚伞花序腋生，有2苞片和少数花；花小。花萼钟状，5裂达基部，裂片披针状线形。花冠斜钟状；筒比檐部短；檐部二唇形，上唇4裂，裂片三角形，下唇与上唇近等长，不分裂，三角形。可育雄蕊2；花丝狭线形，弧状弯曲；花药狭椭圆球形，连着，顶端汇合。退化雄蕊2或3，小。花盘环状。雌蕊长伸出；子房近长圆形，1室，2侧膜胎座内伸，2裂，裂片向后弯曲，有多数胚珠，花柱比子房长2.5倍，柱头小，扁球形。蒴果近线形，最后裂成4瓣。

本属已知4种，特产我国，分布于贵州、广西和云南。

5 广西异唇苣苔

Allocheilos guangxiensis H. Q. Wen, Y. G. Wei & S. H. Zhong in Acta Phytotas. Sin. 38(3): 297, fig. 1: 1-3. 2000.

野外植株

自然分布

广西永福、灌阳；生于石灰岩石山阴湿石壁，海拔230～330m。

迁地栽培环境

桂林植物园　栽培于展示温室。

迁地栽培形态特征

多年生草本。

🌱 **茎**　无。

🍃 **叶**　基生，叶片纸质，宽卵形至近圆形，长1.5～5.3cm，宽1.8～4.8cm，有时不对称，先端钝至近圆形，基部心形，边缘具圆钝齿，稀为牙齿，上面疏被柔毛，下面被近贴伏的褐色长柔毛，脉上有时较密，侧脉每侧（3～）4～5条，连同中脉在下面稍隆起，叶柄圆柱形，长1.3～4.2cm，粗1～1.5mm，被开展的褐色长柔毛。

🌼 **花** 聚伞花序2～4条，腋生，近伞状，1～2回分枝，每花序具3～16花，花序梗长2～5.6cm，和花梗同被开展的褐色长柔毛，苞片对生，线形至叶状，长0.5～1.2cm，宽1～10mm，上面被褐色长柔毛，花梗长0.5～2cm。花萼5裂至基部，裂片线形至狭椭圆形，近等大，长5～8mm，宽1～2mm，外面散生褐色柔毛。花冠白稍带紫色，长1.2～1.7cm。

🟣 **果** 未见。

濒危等级（Status）

濒危（EN）

引种信息

桂林植物园 自广西灌阳（PB20180421）引种成苗。长势一般。

物候

桂林植物园 花期5月。

迁地栽培要点

适应性较差，对高温抗性较差，对水分要求不高，较喜荫蔽环境，适合栽培于岩石缝中。采用种子繁殖。

主要用途

用于观赏。

植株　开花植株　叶背面　叶正面　花正面

异片苣苔属

Allostigma W. T. Wang, in Acta Phytotax. Sin. in 22(3): 185. 1984.

多年生草本，具茎。叶对生，具柄，卵形或椭圆形，具羽状脉。聚伞花序腋生，具梗；苞片对生，小。花中等大。花萼钟状，5深裂，筒短，裂片狭披针状线形。花冠筒漏斗状筒形，檐部二唇形，比筒短，上唇2深裂，下唇3浅裂。可育雄蕊2，花丝稍弧状弯曲，近线形，在中部最宽，向两端渐变狭，花药椭圆球形，基着，顶端连着，药室平行，顶端不汇合，药隔背面隆起；退化雄蕊3，小。花盘环状。雌蕊近内藏，子房线形，基部具柄，具中轴胎座，2室，花柱细，柱头2，不等大，上方的小，三角形，下方的大，近长方形，顶端近截形。蒴果长，线形。种子小，椭圆形。

1种，产自广西西南部。

6 异片苣苔

Allostigma guangxiense W. T. Wang in Acta Phytotax. Sin. 22(3): 187, fig. 1. 1984.

自然分布

广西大新；生于石灰岩石山林下，海拔320m。

迁地栽培环境

桂林植物园 露天地栽于荫蔽假山下；栽培于展示温室假山旁。

迁地栽培形态特征

多年生草本。

茎 高约42cm，约有9节，不分枝，密被灰白色或淡褐色的长毛和短毛。

叶 同一对稍不等大，下部叶在开花时枯萎。叶片草质，两侧不对称，卵形或椭圆形，长6.5~15cm，宽5~8cm，顶端渐尖，基部斜，宽侧耳形或心形，狭侧宽楔形，边缘有小钝齿，上面被短柔毛，整个下面密被黄色小腺体和短毛，沿脉被疏柔毛，侧脉每侧6~10条；叶柄长1~4.5cm，有与茎相同的毛被。

花 聚伞花序腋生，直径2.5~10cm，1~2回稀疏分枝，有3~5花；花序梗长4.5~10cm，被长柔毛；苞片对生，线形，长3~5.5mm，被柔毛；花梗长4~7mm，被柔毛。花萼长约11mm，5深裂，筒长2mm，裂片披针状狭线形，长8~9.5mm，顶端常钻状，外面被短柔毛。花冠长约3.8cm，外面被疏柔毛，内面无毛；筒长约2.7cm。

果 蒴果长约4cm，宽1.6mm，被短柔毛。

濒危等级（Status）

濒危（EN）

引种信息

桂林植物园 自广西大新引种成苗。生长良好。

物候

桂林植物园 花期9~11月；果期12月至翌年1月。

迁地栽培要点

适应性较强，对光照、水分的要求不高，较喜荫蔽环境，茎插繁殖。

主要用途

园林绿化中林下植物配置。

开花植株

花侧面

花正面

花序

大苞苣苔属

Anna Pellegr. in Bull. Soc. Bot. France 77: 46. 1930.

亚灌木。小枝有棱，幼时密被短柔毛，老时脱落至近无毛。叶对生，节间膨大或膨大不明显；每对叶稍不等大；具叶柄；叶片椭圆状披针形，披针状长圆形，近全缘或具不明显小齿。聚伞花序伞状，腋生，具花序梗。苞片扁球形至椭圆状球形，幼时包着花序，于花期早落。花萼钟状，5裂至近基部，裂片近相等。花冠漏斗状筒形，白色、淡黄色至粉红色；筒粗筒状，比檐部长，下方一侧肿胀，喉部无毛；檐部二唇形，上唇2裂且短于下唇，下唇3裂。能育雄蕊4枚，2强，内藏于花冠，花丝弯曲，花药成对连着，药室2，汇合；退化雄蕊1枚。花盘环状，全缘。雌蕊线形，无毛，花柱明显短于子房；柱头1，盘状或扁球形。蒴果线形。种子多数，纺锤形，两端各具1条钻形附属物。

本属已知有4种，我国全部见分布，分布于广西西南部、云南东南部、四川及贵州。越南北部产2种。

7 软叶大苞苣苔

Anna mollifolia (W. T. Wang) W. T. Wang & K. Y. Pan in Fl. Reipubl. Popularis Sin. 69: 487. 1990.

自然分布

云南东南部（西畴、麻栗坡）和广西那坡，越南也有分布；生于石灰山岩石缝中，海拔1130～1500m。

迁地栽培环境

桂林植物园 栽培于展示温室假山下。

迁地栽培形态特征

亚灌木。

🌱 **茎** 高约60cm，粗达5mm，上部密被贴伏短柔毛，节间长1～3cm。

🍃 **叶** 对生；叶片纸质，两侧不对称，长椭圆形或长圆形，长7～20cm，宽3.2～9cm，顶端渐尖或长渐尖，基部斜楔形，或一侧楔形，另一侧圆形，近全缘，两面密被短柔毛；中脉下面隆起，侧脉每边10～14条，与中脉呈钝角展出，下面稍隆起；叶柄长0.7～4cm，密被短柔毛。

🌸 **花** 聚伞花序伞状，成对腋生，具2～8花；花序梗长1.5～2cm，密被灰白色柔毛；苞片早落；花梗长7～8mm，近无毛。花萼钟状，白色，5裂达基部，裂片近相等，长圆状倒卵形，长1～1.2cm，宽4.5～6mm，顶端圆形，全缘，近无毛。花冠粗筒状，白色，长4.5～5.8cm，直径1.5～1.7cm，近无毛；筒长约3.5cm。

🍎 **果** 未见。

濒危等级（Status）

无危（LC）

引种信息

桂林植物园 自广西那坡引种成苗。生长良好。

物候

桂林植物园 花期9月。

迁地栽培要点

适应性较强，对光照、水分的要求不高，较喜荫蔽环境，需提供足够空间生长，强烈阳光会造成叶片灼伤。采用分株、茎插繁殖。

主要用途

园林绿化中林下植物配置。

植株

花序

8 红花大苞苣苔

Anna rubidiflora S. Z. He, F. Wen & Y. G. Wei in Pl. Ecol. Evol. 146: 206. 2013.

自然分布

贵州乌当、开阳、金沙、桐梓，生于石灰岩山阴湿处或水沟边，海拔400~1800m。

迁地栽培环境

桂林植物园 栽培于展示温室拟原生境吸水石上。

贵州省植物园 栽培于展示温室拟原生境吸水石上。

迁地栽培形态特征

多年生亚灌木。

茎 地上茎很少分枝，有不明显的棱，无毛。

叶 对生，纸质，全缘，叶稍偏斜，顶端尾状渐尖或渐尖；叶柄短。

花 聚伞花序伞状，每花序常具2~3花；总苞绿白色，倒卵形，上半部明显圆形。花萼5裂至基部。花冠红紫色；筒上部中央部分稍肿胀，而筒下部距筒基部约2/3处肿胀；檐部二唇形，上唇3裂。

果 未见。

濒危等级（Status）

易危（VU）

引种信息

桂林植物园 自贵州都匀（PB20181222）引种成苗。生长良好。

贵州省植物园 2014年自贵州金沙、2015年自贵州桐梓引种成苗。生长良好。

物候

桂林植物园 花期8~9月。

贵州省植物园 花期9月。

迁地栽培要点

需疏松透气但又保湿的栽培基质和较高的空气湿度；光线明亮但又不能直射；采用种子及茎段扦插繁殖。

主要用途

适合裸露石山林下绿化及盆栽观赏或假山配置。

植株　萌枝　花背面　花序

45

珊瑚苣苔属

Corallodiscus Batalin in Trudy Imp. S.-Peterburgsk. Bot. Sada 12: 176. 1892.

多年生草本。叶全部基生,莲座状,外层叶具柄,内层叶无柄;叶片革质,上面密被长柔毛至无毛,下面密被淡褐色或锈色绵毛至无毛,侧脉每边3~5条,近叶缘呈叉状分枝,密被锈色绵毛。聚伞花序腋生,2~3次分枝,稀不分枝或多次分枝;无苞片。花萼钟状,5裂至近基部,裂片相等。花冠筒状,淡紫色、紫蓝色、白色或淡黄色,外面无毛,稀被疏柔毛,内面下唇一侧具髯毛和两条带状斑纹,偶见斑纹不明显,筒部远长于檐部,檐部二唇形,上唇2浅裂,下唇3裂至中部。可育雄蕊4,2强,花丝无毛,线形、弧状,有时螺旋状卷曲,花药长圆形,小,常小于1mm,成对连着,药室2,汇合;退化雄蕊1。花盘环状。雌蕊无毛,子房长圆形,柱头头状,微凹。蒴果长圆形,顶端具尖头,基部花萼宿存。种子小,两端无附属物。

本属已知有6种,分布于我国及不丹、尼泊尔和印度北部至东北部。我国有3种,分布于云南、西藏、四川、广西、贵州、青海、甘肃、陕西、山西、河南、河北、重庆等地。

9
西藏珊瑚苣苔

Corallodiscus lanuginosus (Wall. ex R. Br.) Burtt in Gard. Chron., ser. 3, 122: 212. 1947.

开花植株

自然分布

云南、贵州、四川、陕西、湖北、湖南、广西、广东、山西、河南及河北等地；海拔800～1800m。

迁地栽培环境

贵州省植物园 玻璃温室内盆栽；露天栽于岩石上。

迁地栽培形态特征

多年生草本。

🟣茎 无。

🟣叶 基生，外层叶具柄，内层叶无柄，叶片革质，卵圆形，长1～6cm，宽0.8～3cm，先端圆形至急尖，基部楔形，边缘近全缘，上面无毛，有时疏被白色至淡褐色长柔毛，下面疏被白色或淡褐色柔毛，侧脉每侧3～5条，密被黄褐色绵毛，叶柄扁平，长3～5.5cm，宽约2mm，被灰色至黄褐色绵毛。

🌸 聚伞花序不分枝,或为2~3回分枝,1~7条,每花序具2~15花,花序梗长3~17cm,与花梗疏被白色至淡褐色绵毛至近无毛,苞片不存在,花梗长0.4~2cm。花萼钟状,5裂至基部,裂片长圆形,长1.5~3.5mm,宽3~13mm,先端钝,边缘全缘,两面无毛或外面被柔毛。花冠筒状,白色、淡紫色至淡蓝色,稀黄色,长1~1.4cm,外面无毛,内面下唇一侧被淡黄色或淡褐色髯毛;筒部长约10mm。

🍎 未见。

濒危等级(Status)

无危(LC)

引种信息

贵州省植物园 2018年自贵州道真大沙河引种成苗。生长良好。

物候

贵州省植物园 花期5~8月。

迁地栽培要点

基质疏松、透气,避免阳光直射,喜湿润环境。

主要用途

花小巧可爱,盆栽用于观赏;全草药用,治跌打损伤。

植株　花正面　花序

奇柱苣苔属

Deinostigma W. T. Wang & Z. Y. Li in Acta Phytotax. Sin. 30(4): 356. 1992.

多年生草本，具明显的或长或短的地上茎。单叶，互生，有时簇生于短茎顶端形成莲座状，叶具柄；叶片盾状、轻微盾状或非盾状，边缘常具圆齿或锯齿，具羽状脉。聚伞花序腋生，花序梗常具钩状毛；花冠白色、紫色、蓝紫色、紫红色，漏斗形；上唇2裂，下唇3裂，上下唇裂片先端圆形。可育雄蕊2，花丝多少弯曲，花药相互粘连，具髯毛或具腺髯毛；退化雄蕊3，但中央1枚常退化缩小至几近于无。花环缺失或5裂。子房梭形，2室或至少靠近基部处为2室但自中部向顶部汇合为单室；柱头仅下方发育为片状，扁平，先端2浅裂。蒴果直至强烈镰状，自果柄始偏斜，室背开裂。种子多数，无附属物。

本属目前已知8个种，分布自越南中部至我国。我国已知分布有3种，产于广西、广东和云南。

10 多痕奇柱苣苔

Deinostigma cicatricosum (W. T. Wang) D. J. Middleton & Mich. Möller in Gard. Bull. Singapore 68(1): 155. 2016.

开花植株

自然分布

广西东兴、防城港；生于山地疏林下的砂岩、页岩岩壁岩缝间，海拔250～350m。

迁地栽培环境

桂林植物园 栽培于展示温室拟原生境吸水石上。

迁地栽培形态特征

多年生草本。

🌱 **茎** 根状茎细长，长超过20cm，粗约5mm，木质，顶部被柔毛，有密集的螺旋状排列的疤痕。当年生枝短，密被开展淡褐色腺毛和长柔毛。

叶 叶互生，具柄；叶片草质，狭卵形、椭圆形或三角状卵形，两侧稍不相等，长1.5～8.5cm，宽1.4～4.2cm，顶端急尖或微钝，基部钝、圆形或近心形，边缘有小牙齿或浅钝齿，两面疏被短柔毛，侧脉每侧5～6条；叶柄长0.5～5.5cm，被开展疏柔毛。

花 花序生于当年生枝上部叶腋，有1花；花序梗长1.5～4.8cm；苞片对生，宽披针形，长约5mm，被柔毛；花梗长6～8mm。花萼长约8mm，5裂至基部，裂片线状披针形，宽1.8～2mm，被疏柔毛。花冠紫蓝色，长约3.5cm，外面被疏柔毛；筒细漏斗状，长约2.5cm；上唇2裂，下唇3裂。

果 蒴果线形，长约2cm。

濒危等级（Status）
易危（VU）

引种信息
桂林植物园　自广西上思引种（PB20190118007）成苗。生长良好。
贵州省植物园　自桂林植物园引种成苗。生长良好。

物候
桂林植物园　花期10～11月。
贵州省植物园　花期6月；果期8月。

迁地栽培要点
畏寒，冬季温度低于10℃时便应该采取防寒措施；喜阳光充足；对土壤要求高，疏松透气不积水；肥水充足植株健壮，开花茂盛。采用种子或茎插繁殖。

主要用途
适合裸露石山林下绿化及园林绿化中林下植物配置。

11 弯果奇柱苣苔

Deinostigma cyrtocarpum (D. Fang & L. Zeng) Mich. Möller & H. J. Atkins in Gard. Bull. Singapore 68(1): 156. 2016.

盆栽植株　花侧面　花正面

自然分布

广西贺州；生于林下沟谷岩石上，海拔500m。

迁地栽培环境

　　桂林植物园　栽培于展示温室假山下。
　　上海植物园　大棚盆栽。
　　贵州省植物园　盆栽于温室内。

迁地栽培形态特征

　　多年生草本。

　　🌱 **茎**　根状茎匍匐，长达1.12m，粗7mm，浅褐色。茎肉质，长32～61cm，具近圆形突起的叶痕，连根状茎被开展的腺状柔毛和短柔毛。

　　🍃 **叶**　叶6～17，螺旋状互生，具柄，叶片狭卵形或椭圆形，稀阔卵形，长3～15cm，宽1.5～6.5cm，草质，先端渐尖，基部圆形、心形或宽楔形，通常浅盾状，两侧常不对称，边缘有锯齿，两面疏被长柔毛和短柔毛，下面脉上较密、侧脉每侧（4~）5~7条，下面突起；叶柄肉质，长1~11cm。

花 聚伞花序1~4条，腋生，2~5回分枝，每花序具2~11花，花序梗肉质，长5.5~11cm，苞片通常2枚，对生，卵形、披针形或长椭圆形，长0.6~1.4cm，宽1~4mm，稍带紫色，具3脉，背面被腺状柔毛和短柔毛，花梗肉质，长1.5~8mm。花萼长5~8mm，带紫色，5裂达基部，裂片长圆形，宽1~2mm，先端钝，具3脉，外被开展的腺状柔毛和短柔毛。花冠暗紫色，长3.3~5.5cm，外被腺状短柔毛和稀疏的短柔毛，筒细漏斗状，长约3cm。

果 未见。

濒危等级（Status）
濒危（EN）

引种信息
桂林植物园 自广西贺州引种成苗。生长良好。
上海植物园 自辰山植物园（2017-4-0027）引种成苗。生长良好。
贵州省植物园 2017年自桂林植物园引种成苗。生长良好。

物候
桂林植物园 花期9月。
上海植物园 花期6~7月。
贵州省植物园 花期6月。

迁地栽培要点
适应性较强，对光照、水分的要求不高，较喜荫蔽环境，强烈阳光会造成叶片灼伤。采用分株、茎插繁殖。

主要用途
园林绿化中林下植物配置。

花序

光叶苣苔属

Glabrella Mich. Möller & W. H. Chen in Gard. Bull. Singapore 66: 198, 2014.

多年生小草本，无茎或地上茎可达5~6cm，无毛。叶基生或簇生于短茎的顶部；叶片狭倒卵形至椭圆形，两面均无毛，先端圆至急尖，侧脉3~5对。聚伞花序具多数花，花序梗长；苞片2，对生，线形至狭三角形或披针形，无毛，边缘全缘。花蓝紫色、淡紫色、淡黄色至粉红色，内部常具有深色斑点，花冠外面无毛至疏被腺状短柔毛或疏被微柔毛，花冠筒粗筒状，内侧被微柔毛；檐部二唇形，上唇裂片半圆形，先端圆，下唇裂片长圆形至半圆形，先端钝至圆。可育雄蕊4，花丝无毛或疏被腺状短柔毛；花药卵形；退化雄蕊1。雌蕊伸出花冠口部外或平齐，子房线形，被柔毛，花柱无毛至疏被短柔毛。蒴果渐无毛，直，不扭曲。种子多数，无附属物。

本属已知3个种，中国均见分布，产于广西、贵州、云南、四川、重庆等地。越南亦分布1种。

12 盾叶光叶苣苔

Glabrella longipes (Hemsl. ex Oliv.) Mich. Möller & W. H. Chen in Gard. Bull. Singapore 66: 198. 2014.

自然分布

广西（隆林、乐业、灵川、兴安）、云南东南部及贵州；生于林间石缝中及阴湿岩石上，海拔1000~1800m。

迁地栽培环境

桂林植物园　栽培于展示温室拟原生境吸水石上。

昆明植物园　盆栽及地栽于温室内湿润草皮上。

迁地栽培形态特征

多年生草本。

茎　根状茎直立或横走，长1.2~2.5cm，直径2~4mm，稀10mm。

叶　全部基生，无毛；叶片椭圆形、披针状椭圆形或近圆形，长5~12cm，宽3~7.2cm，顶端钝尖，基部圆形，近全缘，脉在下面稍隆起；叶柄盾状着生，长3.2~9cm。

花　聚伞花序2次分枝，1~3条，每花序有1~5花；花序梗长14~15cm，疏被淡褐色长柔毛，稀近无毛；苞片极小或早落；花梗长2~3cm，疏被腺状短柔毛。花萼5裂至近基部，裂片长圆状披针形或卵圆形，长9~10mm，宽2mm，顶端渐尖，外面疏被灰白色长柔毛，内面无毛，具3~5脉。花冠粗筒状，下方肿胀，长3.3~4cm，淡紫色，外面被微柔毛，无斑点。

果　未见。

濒危等级（Status）

无危（LC）

引种信息

桂林植物园　自广西隆林（PB20180412）引种成苗。生长良好。

昆明植物园　2017年自云南蒙自（17HT1863）引种成苗。生长良好。

物候

桂林植物园　花期9~10月。

昆明植物园　花期8~10月。

迁地栽培要点

对土质及pH要求不严，保证基质疏松透气且保水，以及水分供给充足的前提下，栽培很容易。采用叶插或分株繁殖。

主要用途

适合裸露石山林下绿化及园林绿化中林下植物配置。

13 革叶光叶苣苔

Glabrella mihieri (Franch.) Mich. Möller & W. H. Chen in Gard. Bull. Singapore 66: 199. 2014.

自然分布

四川、重庆、贵州、广西（隆林、乐业、灵川）、湖南等；生于阴湿岩石上，海拔600～1710m。

迁地栽培环境

桂林植物园　栽培于展示温室拟原生境吸水石上。

昆明植物园　盆栽于温室内。

贵州省植物园　栽培于展示温室拟原生境吸水石上。

迁地栽培形态特征

多年生草本。

茎　根状茎长0.8～3cm，直径约3mm。

叶　叶片革质，狭倒卵形、倒卵形或椭圆形，长1～10cm，宽1～6cm，顶端圆钝，基部楔形，边缘具波状牙齿或小牙齿，两面无毛，叶脉不明显；叶柄盾状着生，长2～9cm，无毛，干时暗红色。

花　聚伞花序2次分枝，腋生，1～6条，每花序具1～4花；花序梗长8～17cm，无毛或被疏柔毛；苞片2，长1～2mm，近无毛；花梗细，长2～3cm，疏被短腺毛或脱落至近无毛。花萼5裂至近基部，裂片长圆状狭披针形，长4～6mm，宽1.5～2mm，顶端短渐尖，全缘，疏被短柔毛或近无毛，具3脉。花冠粗筒状，下方肿胀，蓝紫色或淡紫色，长3.2～5cm，直径1.5～2.6cm，外面近无毛，内面具淡褐色斑纹，筒长2.1～4cm。

果　未见。

濒危等级（Status）

无危（LC）

引种信息

桂林植物园　自广西兴安引种成苗。生长良好。

昆明植物园　2017年自贵州大方（17HT0844）引种成苗。长势一般。

贵州省植物园　2016年自贵州乌当香纸沟引种成苗。生长良好。

物候

桂林植物园　花期10～11月。

昆明植物园　花期8～10月。

贵州省植物园　花期10月。

迁地栽培要点

对土质及pH要求不严，保证基质疏松透气且保水，以及水分供给充足的前提下，栽培很容易。采用叶插或分株繁殖。

主要用途

适合裸露石山林下绿化及园林绿化中林下植物配置。

植株

开花植株　　　花侧面

花序　　　花正面

半蒴苣苔属

Hemiboea Clarke in Hook. Icon. Pl. 18: sub pl. 1798. 1888.

多年生草本。茎直立或斜升，基部常具匍匐茎。叶对生，同一对叶等大或不等大；叶缘具齿或全缘。花序具短梗，假顶生或腋生，二歧聚伞状或合轴式单歧聚伞状，偶单花；苞片2，常合生成总苞，近球形或三角形，顶端常具小尖头，偶钝尖至钝圆；也有总苞早落者。花萼5深裂至基部，或浅裂。花冠多漏斗状筒形，以白、淡黄、黄或粉红色为多，花冠内面常具或多或少的紫斑；檐部二唇形，上唇2裂，下唇3裂，花冠筒内常具一毛环，偶无。可育雄蕊2，内藏；花药药室平行，顶端不汇合，1对花药以顶端或腹面连着；花丝狭线形，基部略弯曲；退化雄蕊3，中央的1枚有时候退化至极不明显。花盘环状。子房线形至线状披针形，2室，前方1室发育，后方1室退化，2室平行，而在单座苣苔和紫叶单座苣苔则子房1室；柱头1，截形、头状、扁球形等。蒴果较粗壮，线状披针形至长圆状披针形，成熟时向内弧曲，前方一心皮沿室背开裂散布种子。种子小，多数，长椭圆形或狭卵形，无附属物。

目前已知共43种4变种，除1种特有分布于越南外，其余中国均产，从西南、华南至华东和华中各地以及台湾都有分布。

14 披针叶半蒴苣苔

Hemiboea angustifolia F. Wen & Y. G. Wei in Phytotaxa 30: 53. 2011.

植株

自然分布

广西大新；生于石灰岩山坡林下洞口，海拔260~440m。

迁地栽培环境

桂林植物园 栽培于展示温室内；露天栽培于假石山下。

迁地栽培形态特征

多年生草本。

🟣**茎** 不分枝，有分散棕色斑点，近四角形。

🟣**叶** 对生，叶柄无毛；叶片肉质，干燥时草本，长圆状、椭圆形到披针形，顶端渐尖，基部楔形到宽楔形，有时稍斜，下表面苍白色。边缘全缘，两侧无毛，侧脉4~6条。

🟣**花** 聚伞花序假顶生或顶生，总苞近半球形或心形；花萼白色至淡绿色，花冠外面灰白色或蜡黄色，正面淡紫色，里面棕黄色，长4.8~5.6cm，正面外侧被腺体微柔毛，背面外侧被短柔毛到近无毛，内无毛。

🟣**果** 蒴果线状披针形，弯曲。

濒危等级（Status）

极危（CR）

引种信息

桂林植物园 自广西大新引种成苗。生长良好。

物候

桂林植物园 花期10~12月；果期1月。

迁地栽培要点

适应性较强，对光照、水分的要求不高，较喜荫蔽环境，需提供足够空间生长，强烈阳光会造成叶片灼伤。采用分株、茎插繁殖。

主要用途

园林绿化中林下植物配置。

开花植株

花

花总苞

15 贵州半蒴苣苔

Hemiboea cavaleriei Lévl. var. *cavaleriei* in Repert. Spec. Nov. Regni Veg. 9: 328. 1911.

自然分布

江西南部、福建、湖南道县、广东、广西、四川叙永和贵州南部。生于山谷林下或石上，海拔250~1500m。

迁地栽培环境

桂林植物园 盆栽于展示温室内，地栽于阴棚模拟原生境。

迁地栽培形态特征

多年生草本。

茎 茎上升，高20~150cm，无毛，不分枝或分枝，具4~15节，散生紫斑。

叶 对生；叶片稍肉质，干后草质，长圆状披针形、卵状披针形或椭圆形，顶端渐尖或急尖，基部楔形或狭楔形，常不相等，边缘具多数锯齿或浅钝齿，稀近全缘，长5~20cm，宽2~8cm，叶面绿色，疏生短柔毛，背面淡绿色或带紫色，散生短柔毛或仅脉上疏生短柔毛；侧脉每侧6~14条；叶柄长0.5~6.5cm。

花 聚伞花序假顶生，具3~12花；花序梗长0.5~6.5cm，无毛；总苞球形，直径1~2.5cm，顶端具尖头，无毛，开放后呈船形；花梗长2~5mm，无毛。萼片5，卵状三角形、椭圆状披针形至线状披针形，长5~7mm，宽2~4mm，无毛。花冠白色、淡黄色，散生紫斑，长3~4.8cm，外面疏生腺状短柔毛；筒长2.3~3.3cm，内面基部上方4~6mm处有一毛环。

果 蒴果线状披针形，长1.5~2.5cm，多少弯曲，基部宽3~4mm，无毛。

濒危等级（Status）

无危（LC）

引种信息

桂林植物园 自广西灵川（PB20151010）引种成苗。生长良好。

物候

桂林植物园 花期10~11月；果期12月。

迁地栽培要点

适应性较强，对光照、水分的要求不高，较喜荫蔽环境，强烈阳光会造成叶片灼伤。采用分株、茎插繁殖。

主要用途

园林绿化中林下植物配置。

开花植株

花侧面　　花正面　　花枝

16 疏脉半蒴苣苔

Hemiboea cavaleriei Lévl. var. *paucinervis* W. T. Wang & Z. Yu Li in Acta Phytotax. Sin. 21(2): 194. 1983.

自然分布

广西、贵州南部和云南东南部；生于山谷林石上，海拔260~1600m。越南北部亦有。

迁地栽培环境

桂林植物园 栽培于展示温室假山旁，露天栽培于林下。

迁地栽培形态特征

多年生草本。

🌿 茎上升，高20~150cm，无毛，不分枝或分枝，具4~15节，散生紫斑。

🍃 叶对生；长圆状披针形、卵状披针形或椭圆形，顶端渐尖或急尖，基部楔形或狭楔形，常不相等，边缘全缘或具少数锯齿，长5~20cm，宽2~8cm，两面通常无毛，稀于叶面疏生短柔毛；蠕虫状石细胞嵌生于维管束周围的基本组织中；侧脉较稀疏，每侧4~9条；叶柄长0.5~6.5cm。

🌸 聚伞花序假顶生，具3~12花；花序梗长0.5~6.5cm，无毛；总苞球形，直径1~2.5cm，顶端具尖头，无毛，开放后呈船形；花梗长2~5mm，无毛。萼片5，卵状三角形、椭圆状披针形至线状披针形，长5~7mm，宽2~4mm，无毛。花冠白色、淡黄色或粉红色，散生紫斑，长3~4.8cm，外面疏生腺状短柔毛；筒长2.3~3.3cm。

🍎 蒴果线状披针形，长1.5~2.5cm，基部宽3~4mm，无毛。

濒危等级（Status）

无危（LC）

引种信息

桂林植物园 自广西龙州（P80）引种成苗。生长良好。

物候

桂林植物园 花期11~12月；果期1月。

迁地栽培要点

适应性较强，对光照、水分的要求不高，较喜荫蔽环境，需提供足够空间生长，强烈阳光会造成叶片灼伤。采用分株、茎插繁殖。

主要用途

园林绿化中林下植物配置。

植株　开花植株　花正面　开裂蒴果

17 华南半蒴苣苔

Hemiboea follicularis C. B. Clarke in Hooker's Icon. Pl. 18: t. 1798. 1888.

开花植株　　　　　　　　　　　　　　　　　　　　　　　　　　　开花植株

自然分布

广东北部、广西和贵州南部；生于林下阴湿石上或沟边石缝中，海拔200～1500m。

迁地栽培环境

仙湖植物园　　盆栽于玻璃房内。
桂林植物园　　栽培于展示温室拟原生境吸水石上。

迁地栽培形态特征

多年生草本。

茎　上升，高7～60cm，不分枝，稍肉质，无毛，具4～8节，散生紫色小斑点。

叶　对生；叶片稍肉质，卵状披针形、卵形或椭圆形，顶端渐尖或尾尖，基部楔形或圆形，两面无毛，长3～18cm，宽1.8～8cm，边缘具多数细锯齿或波状浅钝齿，上面绿色，背面淡绿色；无石细胞；侧脉每侧5~9条；叶柄长1~10.5cm，无毛。

花 聚伞花序假顶生，具7~20花；总苞球形，直径约2cm，无毛，开放时呈坛状；花梗长1~5mm，无毛。萼片5，白色，长1~1.1cm，合生至中部以上，无毛。花冠隐藏于总苞中，白色，长1.5~1.8cm；筒钟形，长1.1~1.2cm，外面无毛，内面基部上方3~6mm处有一毛环，口部直径7mm。

果 蒴果长椭圆状披针形，长2cm，稍弯曲，宽3~4mm，无毛。

濒危等级（Status）
无危（LC）

引种信息
仙湖植物园 自海南（QZJ-0286）引种成苗。生长良好。
桂林植物园 自广西阳朔（P054）引种成苗。生长良好。

物候
仙湖植物园 花期6~8月；果期9~11月。
桂林植物园 花期7~8月；果期9月。

迁地栽培要点
喜湿润，对干旱胁迫抗性较弱；肥分过于充足植株则变得巨大。采用茎插繁殖。

主要用途
全草药用，主治咳嗽、肺炎、跌打损伤和骨折等；适合裸露石山林下绿化及园林绿化中林下植物配置。

花枝

18 纤细半蒴苣苔

Hemiboea gracilis Franch. var. *gracilis* in Bull. Mens. Soc. Linn. Paris, n. s., 1: 124. 1899.

自然分布

江西西部、湖北西部、湖南、四川、贵州、重庆和广西北部等；生于山谷阴处石上，海拔300~1300m。

迁地栽培环境

桂林植物园　栽培于展示温室拟原生境吸水石上。
贵州省植物园　栽培于展示温室拟原生境吸水石上。

迁地栽培形态特征

多年生草本。

🌱 茎　上升，细弱，不分枝，具3~5节，肉质，无毛，散生紫褐色斑点。

🍃 叶　对生，叶片稍肉质，倒卵状披针形、卵状披针形或椭圆状披针形，长3~15cm，宽1.2~5cm，全缘或具疏的波状浅钝齿，基部楔形或狭楔形，上面深绿色，疏生短柔毛，背面绿白色或带紫色，无毛；侧脉每侧4~6条；叶柄长2~4cm，纤细，无毛。

🌸 花　聚伞花序假顶生或腋生，具1~3花；花序梗长0.2~1.2cm，无毛，总苞球形，直径1cm，顶端具细长尖头，无毛，开放后呈船形；花梗长2~5mm，无毛；萼片5，线状披针形至长椭圆状披针形，长5~8mm，宽2~4mm，无毛。花冠粉红色，具紫色斑点，长3~3.8cm；筒长2.2~2.8cm，外面疏生腺状短柔毛。

🍎 果　未见。

濒危等级（Status）

无危（LC）

引种信息

桂林植物园　自广西融水（P037）引种成苗。生长良好。
贵州省植物园　2017年自贵州贵阳鹿冲关引种成苗。生长良好。

物候

桂林植物园　花期7~8月。
贵州省植物园　花期8~9月。

迁地栽培要点

容易栽培繁殖，除适度遮阴和需要充足水分供应外无特殊要求。肥水过于充足会造成植株疯长。

采用种子或根状茎繁殖。

主要用途

适合裸露石山林下绿化及园林绿化中林下植物配置。

开花植株

花正面

花枝

19 龙州半蒴苣苔

Hemiboea longzhouensis W. T. Wang ex Z. Yu Li in Acta Phytotax. Sin. 21(2): 198. 1983.

开花植株

自然分布

广西龙州、那坡、靖西；生于石灰岩山坡林下，海拔230~450m。

迁地栽培环境

桂林植物园 盆栽于温室大棚，露天栽培于林下石壁旁。

迁地栽培形态特征

多年生草本。

- 🟣 茎 茎粗壮，高20~40cm或更高，不分枝，肉质，无毛。
- 🟣 叶 叶对生；叶片肉质，长椭圆形至椭圆形，长7~17cm，宽3~9.5cm，顶端渐尖或短渐尖，有时急尖，基部楔形或宽楔形，两侧不相等，全缘或中部以上具浅钝齿，上面深绿色，背面淡绿色，两面无毛，散生星状石细胞；侧脉每侧5~6条；叶柄圆柱形，肉质，长1~4cm，粗2~3mm。

花 聚伞花序假顶生，具6花；花序梗长7~10cm；总苞球形，直径约2cm，开放后呈船形，无毛；花梗长2~3mm，无毛。萼片5，线状披针形，长7mm，宽1.5~2mm。花冠白色，具紫斑，长3.7~4.4cm，外面疏被腺状短柔毛，内面有一毛环；筒长2.9~3cm。

果 蒴果线状披针形，长2~2.5cm，基部宽3~4mm。

濒危等级（Status）
濒危（EN）

引种信息
桂林植物园 自广西龙州（P771）引种成苗。生长良好。

物候
桂林植物园 花期11~12月；果期1月。

迁地栽培要点
适应性较强，对光照、水分的要求不高，较喜荫蔽环境，需提供较充足的生长空间。采用分株、茎插繁殖。

主要用途
园林绿化中林下植物配置。

71

20 大苞半蒴苣苔

Hemiboea magnibracteata Y. G. Wei & H. Q. Wen, Guihaia 15(3): 216. 1995.

开花植株

自然分布

广西马山、环江、罗城以及贵州荔波，生于石灰岩山坡林下，海拔500～700m。

迁地栽培环境

　　仙湖植物园　　栽培于阴棚模拟原生境。
　　桂林植物园　　盆栽于展示温室。
　　贵州省植物园　栽培于温室大棚内。

迁地栽培形态特征

多年生草本。

茎　高30～60cm，不分枝，具4钝棱。

叶　2～4对生于茎的顶端，叶片稍肉质，干后纸质，阔椭圆形到倒卵形，长8～24cm，宽4～11cm，侧脉4～6条，叶柄长1～3cm。

花　聚伞花序假顶生，总苞近球形，光滑无毛，花萼钟状，长2～2.5侧脉，中部以上合生，裂片5，三角形。花冠白色，长约4.5cm，上唇2深裂，下唇3深裂，雄蕊2，无毛，退化雄蕊2～3。雄蕊无毛，长约2.5cm，柱头近截形。花期8~9月。

果 蒴果线状披针形，弯曲，长2~2.5cm。

濒危等级（Status）

无危（LC）

引种信息

仙湖植物园 自北京植物园（QZJ-0430）引种成苗。生长良好。

桂林植物园 自广西环江（P111）引种成苗。生长良好。

贵州省植物园 自贵州荔波茂兰引种成苗。生长良好。

物候

仙湖植物园 花期8月；果期9~11月。

桂林植物园 花期8~9月；果期9~11月。

贵州省植物园 花期9月；果期11月。

迁地栽培要点

适应性较强，对光照、水分的要求不高，较喜荫蔽环境，强烈阳光会造成叶片灼伤。采用分株、扦插繁殖。

主要用途

园林绿化中林下植物配置。

21 麻栗坡半蒴苣苔

Hemiboea malipoensis Y. H. Tan in Phytotaxa 174: 166. 2014.

开花植株

自然分布

云南麻栗坡，生于石灰岩腐殖土中，海拔1000~1400m。越南亦有分布。

迁地栽培环境

昆明植物园 温室内栽培于腐殖土混合基质中。

迁地栽培形态特征

多年生草本。

茎 直立，粗壮，2~3分枝，无毛，散生紫褐色斑点。

叶 对生，叶片稍肉质，椭圆形至倒卵状披针形，近全缘，顶端锐尖到短渐尖，基部狭楔形，侧脉每侧5~8条；叶柄无毛。

花 聚伞花序近顶生，具3~6花；花序梗无毛，总苞球形，开放后呈船形；花梗无毛；萼片5，白色透明状，狭披针形，无毛。花冠黄色，无毛。可育雄蕊2，花丝着生于花冠基部10mm处，狭线形，花药近圆形，顶端连着；退化雄蕊3。花盘环状，黄色。雌蕊无毛，子房线形，柱头头状。

果 未见。

濒危等级（Status）

无危（LC）

引种信息

昆明植物园 2017年引种自云南麻栗坡。生长良好，连续两年均能开花。

物候

昆明植物园 花期8~9月。

迁地栽培要点

基质疏松、透气，混合腐殖土，表层应有苔藓用于保湿及生根。

主要用途

成片种植用作树荫下地被，花色纯黄，用于观赏。

22 柔毛半蒴苣苔

Hemiboea mollifolia W. T. Wang & K. Y. Pan in Bull. Bot. Res. 2 (2) : 129. 1982.

开花植株

自然分布

湖北西南部、湖南西部及贵州东部；生于山谷石上，海拔620~900m。

迁地栽培环境

桂林植物园　盆栽于展示温室。

迁地栽培形态特征

多年生草本。

🟣茎　上升，高16~40cm，粗2~3mm，具3~5节，遍被开展的柔毛。

🟣叶　对生；椭圆状卵形或长圆形，两侧常不相等，长3~15cm，宽1.1~6.4cm，顶端渐尖，基部斜宽楔形或一侧楔形，另一侧圆形，边缘浅波状或上部有浅波状小齿，两面遍被柔毛，下面沿脉密生柔毛；侧脉每侧6~11条；叶柄长0.6~6cm，被开展的柔毛。

🟣花　聚伞花序假顶生或腋生，常具3花；花序梗长1~1.5cm，被开展的柔毛；总苞近球形，直径1~2cm，外面被柔毛，内面无毛，开放时呈碗状；花梗长5~14mm，疏生柔毛。萼片5，线状倒披针形，长1.4~1.5cm，宽3~4mm，顶端圆形，外面疏被短柔毛，边缘具腺状短柔毛。花冠长3.7~4.2cm，粉红色，外面疏生腺状短柔毛；筒长3~3.4cm。

🟣果　未见。

濒危等级（Status）

无危（LC）

引种信息

桂林植物园　自湖南花垣（PB20140919）引种成苗。生长良好。

物候

桂林植物园　花期9~11月。

迁地栽培要点

适应性较强，对光照、水分的要求不高，较喜荫蔽环境，需提供足够空间生长，强烈阳光会造成叶片灼伤。采用分株、茎插繁殖。

主要用途

园林绿化中林下植物配置。

花侧面

花正面

花枝

23 单座苣苔

Hemiboea ovalifolia (W. T. Wang) A. Weber & Mich. Möller in Phytotaxa 23: 43. 2011.

自然分布

广西那坡、靖西、环江，贵州荔波；越南北部亦有分布。生于石灰山山坡林下，海拔1100m。

迁地栽培环境

桂林植物园 盆栽于展示温室。

迁地栽培形态特征

多年生草本。

茎 高20~40cm，被褐色长柔毛。

叶 具短或长柄；叶片草质，两侧稍不对称，卵形，长5~25.5cm，宽2.5~17cm，顶端渐尖，基部斜圆形，边缘有浅波状小钝齿，两面被贴伏短柔毛，下面脉上及边缘有密的柔毛，侧脉每侧5~10条，叶柄长0.3~7cm。

花 聚伞花序生于茎上部叶腋，有长梗，具5~12花，2~3回分枝，节膨大；花序梗长7.5~12.5cm，被褐色腺毛；花梗长5~6mm，被短柔毛。花萼裂片长9~10mm，宽1.5~2mm，顶端微钝，外面被短柔毛，内面无毛，有3~5条脉。花冠白色，带黄绿色，长约3.6cm，外面被疏柔毛，内面无毛；筒长约2.7cm。

果 未见。

濒危等级（Status）

无危（LC）

引种信息

桂林植物园 自广西靖西（P989）引种成苗。生长良好。

物候

桂林植物园 花期10月。

迁地栽培要点

适应性较强，对光照、水分的要求不高，较喜荫蔽环境，栽培时需提供足够的生长空间，强烈阳光会造成叶片灼伤。采用分株、茎扦插繁殖。

主要用途

室内观赏，园林绿化中林下植物配置。

开花植株　花　花枝

24 拟大苞半蒴苣苔

Hemiboea pseudomagnibracteata B. Pan & W. H. Wu in Taiwania 57(2): 188. 2012.

开花植株

自然分布

广西天峨、乐业、田林；生于石灰岩山坡林下，海拔250~340m。

迁地栽培环境

桂林植物园 盆栽于展示温室内，露天栽培于假石山下。

迁地栽培形态特征

多年生草本。

- 茎 不分枝，有分散棕色斑点，近四角形。
- 叶 对生，密集在茎的顶端；叶柄无毛；叶片近棒状，边缘全缘，两侧无毛，侧脉4~6条。
- 花 聚伞花序近顶生，总苞近球形，光滑无毛；花萼5裂达基部，裂片等长，线状披针形；花冠外面白色至淡粉红色，光滑无毛，具褐色斑点，内面白色至淡粉红色，具褐色斑点。
- 果 蒴果线状披针形，弯曲。

濒危等级（Status）

濒危（EN）

引种信息

桂林植物园　自广西乐业（PB20190928）引种成苗。生长良好。

物候

桂林植物园　花期8~9月；果期11月。

迁地栽培要点

适应性较强，对光照、水分的要求不高，较喜荫蔽环境，需提供足够空间生长，强烈阳光会造成叶片灼伤。采用分株、茎插繁殖。

主要用途

园林绿化中林下植物配置。

花侧面　　花解剖

花枝

25 紫花半蒴苣苔

Hemiboea purpurea Yan Liu & W. B. Xu in Nordic J. Bot. 28: 313. 2010.

自然分布
广西融水；生于石灰岩山坡林下，海拔370m。

迁地栽培环境
桂林植物园 盆栽于温室大棚，露天栽培于林下石壁旁。

迁地栽培形态特征
多年生草本。

茎 不分枝，稍肉质，无毛，具4~8节，散生紫色小斑点。

叶 对生；叶片稍肉质，两面无毛，边缘具多数细锯齿或波状浅钝齿，有时近全缘，叶面绿色，背面淡绿色；无石细胞；侧脉每侧5~9条；叶柄无毛。

花 聚伞花序假顶生，具4~10花；总苞球形，无毛，开放时呈坛状；花梗无毛。萼片5，白色，合生至中部以上，无毛。花冠紫色；筒钟形，外面无毛，内面基部上方3~6mm处有一毛环。

果 未见。

濒危等级（Status）
极危（CR）

引种信息
桂林植物园 自广西融水（P771）引种成苗。生长良好。

物候
桂林植物园 花期9月。

迁地栽培要点
适应性较强，对光照、水分的要求不高，较喜荫蔽环境，需提供较充足的生长空间。采用分株、茎插繁殖。

主要用途
园林绿化中林下植物配置。

开花植株

花解剖

花枝

83

26 粉花半蒴苣苔

Hemiboea roseoalba S. B. Zhou, Xin Hong & F. Wen in Bangladesh J. Pl. Taxon. 20: 172. 2013.

植株

自然分布

广西（灌阳、富川）、广东连南；生于石灰岩石山阴湿处或石灰岩岩洞，海拔200m。

迁地栽培环境

桂林植物园 露天地栽培于荫蔽假山。

迁地栽培形态特征

多年生草本。

㊛ 茎 细弱，通常不分枝，具3~5节，肉质，无毛，散生紫褐色斑点。

㊛ 叶 叶对生，叶片稍肉质，具不规则锯齿，基部楔形或狭楔形，通常不对称，叶面深绿色，疏生短柔毛，背面绿白色或带紫色，无毛；侧脉每侧7~9条；叶柄无毛。

㊛ 花 聚伞花序假顶生或腋生，具4~6花；花序梗无毛，总苞近三角形，无毛，花梗无毛；萼片5，线状披针形至长椭圆状披针形，无毛。花冠粉红色，长4~4.3cm，花冠裂片反折，具紫色斑点。

㊛ 果 未见。

濒危等级（Status）

无危（LC）

引种信息

桂林植物园 自广西灌阳（PB20180727）引种成苗。生长良好。

物候

桂林植物园 花期8~9月。

迁地栽培要点

适应性较强，对光照、水分的要求不高，较喜荫蔽环境，采用分株、茎插繁殖。

主要用途

园林绿化中林下植物配置。

花冠解剖

花枝

27 红苞半蒴苣苔

Hemiboea rubribracteata Z. Y. Li & Yan Liu in Acta Phytotax. Sin. 42(6):537, fig. 1. 2004.

开花植株

自然分布

广西靖西、龙州，越南也有分布；生于山谷林下或潮湿石上，海拔250~500m。

迁地栽培环境

桂林植物园　地栽于展示温室模拟原生境阴湿处。

迁地栽培形态特征

多年生草本或半灌木。

🌿 **茎**　近圆柱形，粗壮，坚硬，散生紫斑，无毛，不分枝或分枝，具5~25节。

🌿 **叶**　对生；叶片新鲜时稍肉质，干后草质，长圆状披针形或卵状披针形，顶端渐尖或急尖，边缘具多数锯齿或浅钝齿，侧脉每侧6~15条；叶柄无毛。

🌸 **花** 聚伞花序假顶生或腋生，具6~9花；花序梗粗壮，无毛，散生紫斑。总苞近球形，顶端具小尖头，红色，无毛。萼片5，白色、粉色或淡紫色，无毛，长圆形至线形。花冠白色，喉部内面具淡紫色条纹，外面无毛。

🍎 **果** 蒴果线状披针形，无毛。

濒危等级（Status）
濒危（EN）

引种信息
桂林植物园　自广西龙州（PB20160927）引种成苗。生长良好。

物候
桂林植物园　花期9~10月；果期12月。

迁地栽培要点
适应性较强，对光照、水分的要求不高，较喜荫蔽环境，地栽需较足的生长空间。采用分株、茎插繁殖。

主要用途
园林绿化中林下植物配置。

花正面　花枝　花苞及开裂蒴果

28
中越半蒴苣苔

Hemiboea sinovietnamica W. B. Xu & X. Y. Zhuang in Nordic J. Bot. 30: 691. 2012.

自然分布
广西靖西；越南北部也有分布。生于石灰岩山坡林下，海拔230～450m。

迁地栽培环境
桂林植物园 盆栽于温室大棚，露天栽培于林下石壁旁。

迁地栽培形态特征
多年生草本。

茎 不分枝或少数分枝，肉质，无毛，具8～12节。

叶 叶片肉质，干时草质，长椭圆形至椭圆形，顶端渐尖，基部楔形，两侧不相等，边缘全缘，叶面深绿色，背面淡绿色，两面无毛；侧脉每侧7～10条；较明显，叶柄圆柱形，肉质。

花 聚伞花序顶生，具2～4花；总苞三角形，无毛；花梗无毛。萼片5，萼片白色，线状披针形。花冠黄色，内具紫斑，外面疏被腺状短柔毛，内面在下唇中裂片下有一纵列粗柔毛，在花冠基部上方5～7mm处有一毛环。

果 蒴果线状披针形。

濒危等级（Status）
易危（VU）

引种信息
桂林植物园 自广西靖西（P333）引种成苗。生长良好。

物候
桂林植物园 花期10～11月；果期1月。

迁地栽培要点
适应性较强，对光照、水分的要求不高，较喜荫蔽环境，需提供较充足的生长空间。采用分株、茎插繁殖。

主要用途
园林绿化中林下植物配置。

29 半蒴苣苔

Hemiboea subcapitata C. B. Clarke var. *subcapitata* in Hook. Icon. Pl. 18: t. 1798. 1888.

开花植株

自然分布

陕西南部、甘肃南部、江苏南部、安徽南部、浙江、江西、福建、河南、湖北、湖南、广东北部、广西、四川、贵州；生于海拔350~2100m的山谷林下或沟边阴湿处。

迁地栽培环境

仙湖植物园　盆栽于展示温室内。
桂林植物园　盆栽于展示温室内，露天栽植于岩石下阴湿处。
昆明植物园　露天栽植于腐殖土中。
上海植物园　大棚盆栽。
贵州省植物园　盆栽于温室内。

迁地栽培形态特征

多年生草本。

茎　茎上升，高10~40cm，具4~8节，不分枝，肉质，散生紫斑，无毛或上部疏生短柔毛。

叶　叶对生；叶片椭圆形或倒卵状椭圆形，顶端急尖或渐尖，基部下延，长4~22cm，宽

2~11.5cm，全缘或有波状浅钝齿，稍肉质；皮下散生蠕虫状石细胞；侧脉每侧5~7条；叶柄长1~7（~9）cm，具翅，翅合生成船形。

花 聚伞花序假顶生或腋生，具3~10余花；花序梗长1~7cm；总苞球形，直径1~2.5cm，顶端具尖头，淡绿色，无毛，开放后呈船形；花梗粗，长2~5mm，无毛。萼片5，长圆状披针形，无毛，干时膜质。花冠白色，具褐色斑点，长3.5~4cm，外面疏被腺状短柔毛；筒长3~3.4cm，内面基部上方6~7mm处具一毛环。

果 蒴果线状披针形，长1.5~2.5cm。

濒危等级（Status）

无危（LC）

引种信息

仙湖植物园　自重庆金佛山引种成苗。生长良好。
桂林植物园　自广西阳朔（PB20140417）引种成苗。生长良好。
昆明植物园　1996年引自云南麻栗坡。生长良好。
上海植物园　2017年自辰山植物园（2017-4-0031）引种成苗。生长良好。
贵州省植物园　2015年自贵州梵净山引种成苗。生长良好。

物候

仙湖植物园　花期8~10月。
桂林植物园　花期8~9月。
昆明植物园　花期7~8月；果期10月。
上海植物园　常年开花。
贵州省植物园　花期9月。

迁地栽培要点

适应性较强，对光照、水分的要求不高，较喜荫蔽环境，栽植时需提供足够的生长空间，强烈阳光会造成叶片灼伤。采用分株、茎扦插繁殖。

主要用途

全草药用治疗疮肿毒及蛇咬伤，全草煎水服治麻疹、喉痛，外敷治烫火伤，全草还有凉血止咳的功效。叶可作蔬菜。全草还可以作猪饲料。园林绿化中可用作林下植物配置。

花序

花解剖

汉克苣苔属

Henckelia Spreng., in Anleit. Kenntn. Gew., ed. 2, 2(1): 402. 1817.

多年生或一年生草本，有茎或无茎，具茎者有时于基部木质化，稀匍匐生长。叶对生、互生或轮生，有时簇生于茎或根状茎顶部或退化为仅剩余1或少数叶。聚伞花序腋生或近于顶生，花数量不一，1~15；苞片对生或轮生，离生或于基部联合，圆形至线形、狭卵形或狭三角形，有时早落。花萼5裂至基部，或于下部不同位置联合成二唇形的筒状。花冠漏斗状筒形、漏斗形、管状，花冠筒下部常略微肿胀，有时于喉部缢缩；二唇形，上唇2裂，下唇3裂；颜色变化丰富，且于花冠喉部具有不同颜色的条纹。可育雄蕊2，花丝具膝状弯曲或直，花药常以整个腹面粘连，无毛或具柔毛。花盘环状或5裂。子房具短柄或无柄，柱头上方一片退化至近无或残存片状物，下方一片常2裂或不裂。蒴果常成熟后裂呈瓣或沿着脊线开裂，萼片宿存或不存在。种子多数，常椭圆形，无附属物。

本属已知超过60个种，分布于斯里兰卡、印度南部和东北部、尼泊尔、不丹、越南北部、老挝北部、泰国北部以及我国华南和西南地区。我国已知约有25种，广东、广西、贵州、云南、西藏等地有分布。

30 圆叶汉克苣苔

Henckelia dielsii (Borza) D. J. Middleton & Mich. Möller in Taxon 60: 1525. 2011.

自然分布
云南中部至四川西南部；生于山地林下岩石上，海拔1450~2500m。

迁地栽培环境
昆明植物园 温室栽培于苔藓草地上；盆栽于温室内。

迁地栽培形态特征
多年生无茎草本。

茎 无。

叶 均基生；叶片草质，圆卵形或近圆形，有时椭圆形，长2~7cm，宽2~6cm，顶端钝或圆形，基部圆形、浅心形或钝，边缘具圆齿，上面在侧脉之间密被白色长柔毛（毛长达3~6.5mm），下面被较疏的短柔毛，沿脉有淡褐色柔毛，侧脉每侧4~5条；叶柄长1~8cm，密被淡褐色长柔毛。

花 花序高4~11.8cm，被柔毛，有1~2花；苞片不存在。花萼长10~17mm，5裂近中部，裂片三角形，外面沿裂片中脉疏被长柔毛，内面无毛。花冠淡紫色或紫蓝色，长4~5.5cm，无毛；筒长2.8~4cm，口部粗1.2~1.5cm。

果 未见。

濒危等级（Status）
无危（LC）

引种信息
昆明植物园 2001年引种自云南景东；2016年引自云南大理永平。长势较好，花期较长。

物候
昆明植物园 花期6~9月。

迁地栽培要点
苔藓混腐殖土栽培于岩石缝中，保持一定的湿度，通风喜光。

主要用途
用于盆栽观赏；亦可做地被点缀于岩石之间。

开花植株（袋苗）

开花植株（地苗）

花侧面

花正面

31 滇川汉克苣苔

Henckelia forrestii (J. Anthony) D. J. Middleton & Mich. Möller in Taxon 60: 775. 2011.

开花植株

自然分布

云南西北部（中甸一带）及四川西南部（木里）；生于山地溪边石上或林下石上，海拔约2600m。

迁地栽培环境

昆明植物园　盆栽于温室大棚。

迁地栽培形态特征

一年生草本。

🌱 茎 高1.2~14cm，被柔毛，不分枝，具2~3节。

🍃 叶 叶对生；叶片膜质，椭圆形或椭圆状卵形，长1~11cm，宽0.7~6.5cm，顶端钝或微尖，基部稍不对称，圆形或浅心形，边缘有牙齿，两面被疏柔毛，侧脉每侧4~6条；叶柄长0.3~1.8cm，被柔毛。

🌸 花 花序生茎顶叶腋，有1~3花；花序梗长1.7~4.5cm，与花梗被柔毛或被腺毛；苞片对生，披针状线形，长2.6~7mm，宽0.8~1mm，被柔毛；花梗长0.7~1.6cm。花萼长7~11mm，5裂至基部；裂片狭披针形，宽1.1~1.5mm，顶端有长2~3.5mm的钻形尖头，外面被柔毛，内面近无毛。花冠淡紫色，长约4cm，外面下部疏被短柔毛；筒细漏斗状，长约2.5cm，口部粗约1.2cm，上唇长约1.1cm，下唇长约1.6cm。

🍎 果 未见。

濒危等级（Status）

濒危（EN）

引种信息

昆明植物园 自云南河口引种成苗。生长良好。

物候

昆明植物园 花期9月。

迁地栽培要点

盆栽于腐殖土中，置于温室开放通风处。种子繁殖。

主要用途

室内观赏。

花正面

花枝

32 大叶汉克苣苔

Henckelia grandifolia A. Dietr. in Sp. Pl. 1: 576. 1831.

自然分布

云南西部、南部至东南部、贵州西南部；生于山地林下石上，海拔1800~2800m，在泰国、缅甸北部、印度东北部、不丹及尼泊尔也有分布。

迁地栽培环境

昆明植物园 盆栽于温室内。

迁地栽培形态特征

多年生草本。

㊆ 茎 高2~37cm，疏被短伏毛，具1~3节，不分枝或有1条短分枝。

㊉ 叶 基生2，具长梗；叶片草质，卵形，长9.5~17cm，宽6~13cm，顶端短渐尖，基部斜心形，边缘有小牙齿，上面被贴伏的短柔毛，下面沿脉有稀疏锈色柔毛，侧脉每侧6~8条；叶柄长13~30cm，有疏柔毛。

㊊ 花 花序腋生或顶生，不分枝或1回分枝，具2~4花；花序梗长6.5~15cm，被疏柔毛；苞片卵形，长0.4~2cm，宽2~13mm，边缘有波状小齿；花梗长0.7~2.3cm，被疏柔毛或近无毛。花萼钟状，长约1.5cm，不等5裂，无毛，裂片三角形，长5~8mm。花冠白色，长约4.4cm，无毛；筒近筒状，长约3cm，口部直径约1cm。

㊌ 果 未见。

濒危等级（Status）

濒危（EN）

引种信息

昆明植物园 2001年引种自云南保山；2018年引自贵州兴义。生长良好。

物候

昆明植物园 花期6~8月。

迁地栽培要点

腐殖土及珍珠岩混合土，土夹石最好。需要湿度大，水分足，注意换盆或移栽。

主要用途

用于盆栽观赏；亦可用作地被。

33
合苞汉克苣苔

Henckelia infundibuliformis (W. T. Wang) D. J. Middleton & Mich. Möller in Taxon 60: 775. 2011.

自然分布

西藏墨脱；生于山坡阔叶林边，海拔1700~2000m。

迁地栽培环境

昆明植物园 盆栽于温室中。

迁地栽培形态特征

多年生草本。

茎 高约12cm，密被褐色柔毛。

叶 对生，两对生茎顶部；叶片斜椭圆形或斜卵形，长3.5~8.5cm，宽2~5cm，顶端渐尖，基部斜，一侧宽楔形，另一侧耳形，边缘有不等小牙齿，表面密被短柔毛，背面沿脉网被柔毛，侧脉每侧约7条；叶柄长1~2.5cm。

花 花序有1~2花；花序梗长约4.4cm；总苞粗漏斗状，紫色，长约1.6cm，直径2.2cm，外面被短柔毛。花萼钟状，长约2.5cm，5裂至中部，外面密被短柔毛，裂片三角形。花冠紫红色，长约4.8cm，外面疏被短柔毛，内面无毛；筒长约4cm。

果 未见。

濒危等级（Status）

濒危（EN）

引种信息

昆明植物园 2018年引种自西藏墨脱。

物候

昆明植物园 花期7~8月。

迁地栽培要点

栽培于苔藓腐殖土中，避免阳光直射，置于温室的阴湿处。

主要用途

用于盆栽观赏。

34
斑叶汉克苣苔

Henckelia pumila (D. Don) A. Dietr. in Sp. Pl. 1: 574. 1831.

栽培植株

自然分布

西藏东南部、云南西北部及南部、广西西北部、贵州西南部；尼泊尔、不丹、印度北部、缅甸北部、越南北部也有；生于山地林中、溪边、石上或陡崖上，或土山草丛中，海拔800~2380m。

迁地栽培环境

  昆明植物园 栽培于温室中的苔藓地面上。
  上海植物园 大棚盆栽。

迁地栽培形态特征

  多年生草本。

  🌿 **茎** 高6~46cm，具1~6节，不分枝或有短分枝，被柔毛。

叶 对生；叶片草质，有紫色斑，狭卵形、斜椭圆形或卵形，长2~12cm，宽1.2~5.5cm，顶端急尖或渐尖，基部斜圆形或斜宽楔形，另一侧浅心形或近耳形，边缘有小牙齿，两面均被短柔毛，在上面毛较密，侧脉每侧6~9条；叶柄长0.4~2.8cm，被柔毛。

花 花序腋生，有长梗，1~4回分枝，稀不分枝，有2~7花；花序梗长2.8~10cm，被短柔毛；苞片卵形、宽卵形或披针形，长0.5~1.8cm，宽1.5~9mm，被短柔毛；花梗长0.2~2cm，被柔毛或腺毛。花萼长1.2~1.8cm，被稍密的长柔毛。花冠淡紫色，长3.2~5.7cm，外面被短柔毛，内面无毛或上部有疏柔毛；筒细漏斗状，长2.5~4.5cm，口部粗0.9~1.5cm。

果 未见。

濒危等级（Status）
濒危（EN）

引种信息
昆明植物园 2017年引种自云南麻栗坡。

物候
昆明植物园 花期5~8月。

迁地栽培要点
栽培于苔藓腐殖土中，喜阴但不畏光，置于温室开放通风处。

主要用途
用于地被观赏。

野外开花植株　　花侧面　　花正面

35 美丽汉克苣苔

Henckelia speciosa (Kurz) D. J. Middleton & Mich. Möller in Taxon 60: 777. 2011.

开花植株

自然分布

西藏墨脱；生于山坡阔叶林边，海拔1700~2000m。

迁地栽培环境

昆明植物园 盆栽于温室中。

迁地栽培形态特征

多年生草本。

茎 根状茎长达13cm,"之"字形弯曲,被锈色长柔毛。

叶 2对簇生茎顶端,具柄;叶片草质,两侧不对称,卵形,长5~17cm,宽3.7~13.5cm,顶端急尖,基部斜心形,边缘有多数小牙齿,两面均被白色短伏毛,下面沿脉被锈色柔毛,侧脉6~7对;叶柄长1.8~17cm,被锈色柔毛。

花 花序单生叶腋,有1~6花;花序梗长3.5~16.5cm,与花梗被锈色柔毛;苞片1~2,狭卵形或长圆形,长6~11mm,宽2~4mm,边缘有小齿,密被锈色毛;花梗长1.5~2cm。花萼长1.1~2.4cm,5裂至中部附近,外面被锈色柔毛,内面无毛;裂片狭三角形,中部以上变狭。花冠蓝紫色,长4.8~6cm,外面被短疏柔毛,内面在筒上部及雄蕊之下被短柔毛;筒漏斗状,长3.5~4.2cm,口部直径1.3~1.8cm。

果 未见。

濒危等级（Status）
无危（LC）

引种信息
昆明植物园 2001年引种自云南盈江;2017年引种自云南景东无量山（17HT0561）。

物候
昆明植物园 花期5~7月。

迁地栽培要点
盆栽于苔藓腐殖土中,置于温室的阴湿处。

主要用途
用于盆栽观赏。

花侧面　花正面　花序

吊石苣苔属

Lysionotus D. Don, in Edinb. Phil. Journ. 7: 85. 1822.

小灌木或亚灌木，通常附生于岩石或树干上，稀攀援并具木栓。叶对生或三叶轮生，稀互生，近等大或不等大，稀等大，通常有短的叶柄。聚伞花序腋生或近顶生，常具细花序梗，有多数或少数花；苞片对生，线形或卵形、常不显著。花萼5裂达或接近基部，稀5浅裂至合生。花冠白色、蓝紫、紫色或黄色至橙黄，罕红色，筒细漏斗状，稀筒状，檐部二唇形，比筒短，上唇2裂，下唇3裂。可育雄蕊2枚，内藏，花丝线形常扭曲，花药连着，二室近平行；退化雄蕊3，小，有时中央的1枚退化至几不可见。花盘环状或杯状。雌蕊内藏，常与雄蕊近等长，子房线形，侧膜胎座2，花柱常较短，柱头盘状或扁球形。蒴果线形，室背开裂最终为4瓣。种子纺锤形，每端各有1枚附属物。

目前本属已知超过33种，自印度北部、尼泊尔向东经我国、泰国及越南北部到日本南部。我国约有25种和6变种，分布于秦岭以南各地，但主要见于云南、广西、四川等地。

36
攀援吊石苣苔

Lysionotus chingii Chun ex W. T. Wang in Guihaia 3(4) : 279, pl. 4, fig. 1-6. 1983.

自然分布

云南东南部（金平、屏边）和广西西部（龙州、凌云、乐业、河池、南丹）及南部（十万大山），贵州南部（荔波、惠水），越南也有分布。

迁地栽培环境

仙湖植物园 盆栽于低温温室。

迁地栽培形态特征

攀援小灌木。

茎 长达9m，粗达10mm，有软而厚的木栓，分枝；小枝细，粗约2mm，无毛。

叶 对生，无毛；叶片纸质，椭圆形，长4.5~13cm，宽2.2~5cm，顶端渐尖，基部宽楔形或楔形，边缘全缘，侧脉每侧4~6条，上面平，下面隆起，三级脉和四级脉明显；叶柄长0.6~2.3cm。

花 花序腋生，具1花，无毛；花序梗丝形，长1.4~2.8cm；苞片对生，圆卵形，长4~7mm，顶端圆形；花梗长2~7mm。花萼钟状，长1.6~2.2cm，直径1.5cm，无毛，5浅裂，裂片正三角形或圆卵形，长4~5mm，顶端钝。花冠白色或带淡绿色，长约4cm，外面无毛，内面下部被短柔毛；筒细漏斗状，长约3.3cm，口部直径1~1.4cm。

果 未见。

濒危等级（Status）

无危（LC）

引种信息

仙湖植物园 自海南引种成苗。生长良好。

物候

仙湖植物园 花期6~8月。

迁地栽培要点

适应性较强，对光照、水分的要求不高，较喜荫蔽环境，强烈阳光会造成叶片灼伤。采用扦插繁殖。

主要用途

全草供药用，治疗跌打损伤，咳血和咳嗽等，少数民族村民经常使用。园林绿化中林下植物配置。

开花植株

花、花苞

花序

37
多齿吊石苣苔

Lysionotus denticulosus W. T. Wang in Guihaia 3 (4) : 264, pl. 2, fig. 10. 1983.

自然分布
云南和贵州。产云南东南部（麻栗坡）和广西西部（那坡、南丹）；生于石山林中海拔500~1000m。

迁地栽培环境
仙湖植物园 盆栽于展示温室内。
桂林植物园 盆栽于展示温室内。

迁地栽培形态特征
亚灌木。

茎 高约60cm，分枝，上部与叶密被锈色柔毛，下部变无毛。

叶 对生，具柄；叶片纸质，长圆形或披针状长圆形，长5.8~18cm，宽2~5cm，边缘有多数小齿，两面均稍密被锈色短柔毛，侧脉每侧7~9条；叶柄长0.5~3.5cm。

花 聚伞花序腋生，有3~7花；花序梗长10~13mm，被锈色长柔毛；苞片1枚，三角形，长约4mm，宽1.2mm，外面密被长柔毛，内面无毛；花梗长3~18mm，被短腺毛。花萼长约4mm，5裂达基部，裂片线状披针形，宽0.8~1mm，外面密被柔毛，内面无毛。花冠紫红色，长约1.7cm，外面被短疏柔毛。

果 未见。

濒危等级（Status）
无危（LC）

引种信息
仙湖植物园 自云南（QZJ-0698）引种成苗。生长良好。
桂林植物园 自广西隆林（PB2017041103）引种成苗。生长良好。

物候
仙湖植物园 花期9~10月。
桂林植物园 花期9~10月。

迁地栽培要点
适应性较强，对光照、水分的要求不高，较喜荫蔽环境，强烈阳光会造成叶片灼伤。采用分株、扦插繁殖。

主要用途

园林绿化中林下植物配置。

花正面　花序　花、果、叶

38 吊石苣苔

Lysionotus pauciflorus Maxim. var. **pauciflorus** in Bull. Acad. Imp. Sci. Saint-Pétersbourg, sér. 3, 19: 534. 1874.

开花植株

自然分布

分布于秦岭以南各地；生于山地溪边石上或林中石上，海拔达100~1500m。越南北部、日本亦有分布。

迁地栽培环境

仙湖植物园 盆栽于展示温室内。
桂林植物园 附生于古树干上。
上海植物园 大棚盆栽。
贵州省植物园 盆栽于展示温室内。

迁地栽培形态特征

小灌木。

🌿 茎 长7~30cm，分枝或不分枝，无毛或上部疏被短毛。
🍃 叶 3枚轮生，具短柄或近无柄；叶片革质，线形、线状倒披针形、狭长圆形或倒卵状长圆形，长

1.5～5.8cm，宽0.7～2.5cm，顶端急尖或钝，边缘在中部以上有小齿，两面无毛，中脉上面下陷，侧脉每侧3～5条，不明显；叶柄长2～6mm，上面常被短伏毛。

花 花序有2～5花；花序梗纤细，长0.6～2.8cm，无毛；苞片披针状线形，长1～2mm，疏被短毛或近无毛；花梗长3～10mm，无毛。花萼长3～4mm，5裂达或近基部，无毛；裂片狭三角形。花冠白色带淡紫色条纹，长3.5～4.8cm，无毛；筒细漏斗状，长2.5～3.5cm，口部直径1.2～1.5cm。

果 未见。

濒危等级（Status）

无危（LC）

引种信息

仙湖植物园 自海南（QZJ-0735）引种成苗。生长良好。
桂林植物园 自广西靖西（PB2014040307）、广西龙胜（PB2017050203）引种成苗。生长良好。
上海植物园 自辰山植物园引种成苗（2017-4-0019）。生长良好。
贵州省植物园 2015年自贵州茂兰引种成苗。生长良好。

物候

仙湖植物园 花期9～10月。
桂林植物园 花期10月。
上海植物园 花期6～8月。
贵州省植物园 花期8～9月。

迁地栽培要点

适应性较强，对光照、水分的要求不高，较喜荫蔽环境，强烈阳光会造成叶片灼伤。采用扦插繁殖。

主要用途

全草供药用，治疗跌打损伤、咳血和咳嗽等，少数民族村民经常使用。园林绿化中林下植物配置。

39 齿叶吊石苣苔

Lysionotus serratus D. Don var. **serratus** in Edinburgh Philos. J. 7: 86. 1822.

植株

自然分布

中国西南地区；生于山地林中树上或石上、溪边或高山草地，海拔900~2200m。南亚和东南亚也有分布。

迁地栽培环境

  仙湖植物园 盆栽于展示温室内。
  桂林植物园 栽于展示温室仿生境石下。
  上海植物园 大棚盆栽。
  贵州省植物园 盆栽于展示温室内。

迁地栽培形态特征

亚灌木，常附生。

茎 高10~100cm，基部粗达1cm，分枝，无毛。

叶 3枚轮生或对生，无毛；叶片草质，椭圆状卵形，长4~14cm，宽3~5.8cm，顶端渐尖，基部宽楔形，边缘有牙齿，侧脉每侧5~8条；叶柄长1.6~2.6cm。

花 花序生茎顶部叶腋，有细长梗，2~3回分枝，有3~15花；花序梗长4.5~9.5cm，无毛；苞片宽卵形，长3~8mm，宽3~16mm，顶端钝，基部近截形，无毛；花梗长3~8mm，无毛。花萼长4~8mm，5裂达基部，无毛，裂片狭长圆形，宽1.5~4mm，顶端尖，有3条明显的纵脉。花冠淡紫色或白色，长2.5~4cm，外面有疏柔毛和短腺毛，内面下部有稀疏短腺毛；筒细漏斗状，长2.2~2.5cm。

果 未见。

濒危等级（Status）

无危（LC）

引种信息

仙湖植物园 自云南（QZJ-0355）引种成苗。生长良好。

桂林植物园 自广西环江（P088）引种成苗。生长良好。

上海植物园 自仙湖植物园（2017-4-0019）引种成苗。生长良好。

贵州省植物园 2014年自贵州兴义引种成苗。生长良好。

物候

仙湖植物园 花期6~8月。

桂林植物园 花期7~8月。

上海植物园 花期6~8月。

贵州省植物园 花期8月。

迁地栽培要点

适应性较强，对光照、水分的要求不高，较喜荫蔽环境，强烈阳光会造成叶片灼伤。采用分株、扦插繁殖。

主要用途

园林绿化中林下植物配置。

花序

花正面

蒴果

盾叶苣苔属

Metapetrocosmea W. T. Wang, in Bull. Bot. Ryes. 1 (4): 38. 1981.

多年生小草本，根状茎圆柱形，多年生长后常伸长。叶均基生，具长柄，椭圆形，基部盾形，边缘浅波状至全缘，具羽状脉。聚伞花序腋生，1~3花和2枚苞片；花小。花萼钟状，5裂达基部；裂片狭三角形。花冠白色，内有紫色纵向条纹，花冠筒为筒状，檐部二唇形，比筒短，上唇2深裂，下唇比上唇稍长，3深裂。可育雄蕊2枚，内藏，花丝着生于花冠基部，近丝形，向顶端稍变粗，花药近背着，有白色长柔毛；退化雄蕊2，位于上（后）侧方，极小。无花盘。雌蕊内藏略伸出花冠口部，子房宽卵球形，侧膜胎座2，花柱长，纤细，柱头小，头状。蒴果近球形，室背开裂成2瓣。种子极小，椭圆球形，光滑，无附属物。

1种，特产我国海南。

40 盾叶苣苔

Metapetrocosmea peltata (Merr. & Chun) W. T. Wang in Bull. Bot. Res. 1(4): 39. 1981.

自然分布

中国特有种，仅见于海南定安、保亭、白沙、琼中、三亚、东方；生于山地林中溪边石上或阴湿崖壁，海拔300~700m。

迁地栽培环境

桂林植物园　栽于展示温室拟原生境吸水石上。
昆明植物园　盆栽于温室中。
上海植物园　大棚盆栽。

迁地栽培形态特征

多年生草本。

🌿 **茎**　根状茎直或稍弯曲，长0.7~2cm，粗2~4mm。

🌿 **叶**　叶8~15，均基生，具长柄；叶片草质，椭圆形，长1.2~4.5cm，宽0.5~2.5cm，顶端钝，基部盾状，边缘浅波状，两面疏被短柔毛，侧脉每侧3~4条，纤细；叶柄扁，长0.6~5cm，被短柔毛。

🌸 **花**　花序2~6条，每花序有2~10花；花序梗纤细，长4~8cm；苞片2，小，狭三角形，长0.7~1mm；花梗纤细，长0.3~2.4cm。花萼5裂达基部，裂片狭三角形，长2.5~3.5mm，宽0.9~1.2mm，顶端尖，外面被白色柔毛，内面无毛。花冠白色，长约10mm，外面被贴伏短柔毛，内面无毛；筒为筒状，长约5.5mm，口部直径3.5mm。

🍎 **果**　未见。

濒危等级（Status）

易危（VU）

引种信息

桂林植物园　自海南引种成苗。生长良好。
昆明植物园　2015年自海南引种。
上海植物园　自海南乐东引种成苗及叶片。

物候

桂林植物园　花期11月至翌年1月。
昆明植物园　花期6~7月。
上海植物园　花期1~3月。

迁地栽培要点

本种对土壤酸碱度不敏感，pH6.5~7.5的基质均可正常生长，光照以较明亮的散射光为宜。保证充足的水分供给有助于迅速生长，不可过湿及积水。采用种子或叶插繁殖。

主要用途

适合裸露石山林下绿化及园林绿化中林下植物配置。

马铃苣苔属

Oreocharis Benth., in Benth. & Hook. f. Gen. Pl. 2: 1021. 1876.

多年生无茎草本，具短而粗的圆柱形根状茎。叶全部基生，具柄或近无柄，叶片不裂或羽状浅裂，心形、近圆形、卵形、狭卵形、椭圆形、长圆状椭圆形等，形态多样；叶缘全缘、具锯齿、牙齿或圆齿。聚伞花序腋生，1至数条，有1至数花，不分枝至多次分枝，偶为单花；苞片2，对生，稀为3，有时无苞片。花萼钟状，5裂至近基部。花冠形态多样化，钟状、钟状筒形、钟状细筒形、筒形、粗筒状、细筒状、高脚碟状等，左右对称，罕为辐状；

筒部与檐部等长或为檐部的1.5～4倍，不膨大或仅基部膨大成囊状，喉部不缢缩或缢缩；除辐花苣苔外，檐部稍二唇形或二唇形，上唇2裂、2浅裂或不分裂偶有4浅裂，下唇3浅裂至3深裂，偶不分裂。可育雄蕊2或4，花药分生或顶端成对连着，内藏或伸出花冠外，药室1，或2且平行；退化雄蕊3或1枚。花盘环状或杯状，全缘、波状或5浅裂。雌蕊无毛或有毛，子房长圆形、线形，柱头1，微凹、盘状、扁头状、截形，或2。蒴果倒披针状长圆形、线状长圆形、长圆形、倒披针形、线形，顶端具短尖头或不具。种子多数，细小，卵圆形至椭圆形，两端无附属物。

目前本属已知有210余种，并且近年来新种还在不断发表。广义马铃苣苔属目前已知有超过140种，主要见于我国西南至华南山地，西始西藏，东至浙江，北达甘肃、陕西和青海南部，南到海南。也见于越南北部至中部、泰国、不丹、印度和日本。

41
心叶马铃苣苔

Oreocharis cordatula (Craib) Pellegr. in Bull. Soc. Bot. France 72: 873. 1925.

开花植株

自然分布

云南西北部及四川西南部；生于潮湿陡坡或悬崖岩石上，海拔1900~3000m。

迁地栽培环境

昆明植物园　盆栽于温室中。

迁地栽培形态特征

多年生草本。

🟣**茎**　根状茎粗而短，直径约1.5cm。

🟣**叶**　全部基生，具柄；叶片长圆状披针形，长4~6cm，宽2.2~3cm，顶端钝，基部圆形，近楔形，边缘具不规则圆齿，上面密被贴伏柔毛，下面密被淡褐色绢状绵毛，叶脉在两面不明显；叶柄长15cm，密被淡褐色绢状绵毛。

花 聚伞花序2~3次分枝，2~4条，每花序具4~10花；花序梗长达12cm，与花梗、花萼被淡褐色腺状柔毛；苞片无；花梗长0.9~2mm。花萼5裂至近基部，裂片披针形，长2~2.5mm，顶端微尖。花冠细筒状，黄色，长1.9~2.2cm，外面被腺状柔毛；筒长1.4cm。

果 未见。

濒危等级（Status）
濒危（EN）

引种信息
昆明植物园 2018年引种自云南宁蒗（18HT2038）。

物候
昆明植物园 花期5~7月。

迁地栽培要点
盆栽于腐殖土中，置于温室开放通风处。

主要用途
观赏。

叶背面　花解剖　花序　花正面

42
齿叶瑶山苣苔

Oreocharis dayaoshanioides Yan Liu & W. B. Xu in Bot. Stud. (Taipei) 53: 396. 2012.

野外植株

自然分布

广西特有，产于梧州；生于沟谷阴湿岩壁，海拔860～1200m。

迁地栽培环境

桂林植物园　盆栽于低温温室。

迁地栽培形态特征

多年生草本。

🌱 **茎**　根状茎近圆柱形。

🍃 **叶**　5～12枚，均基生；叶片纸质，宽椭圆形、长卵形或长椭圆形，长4～10cm，宽3～8cm，顶端微尖，基部稍斜，宽楔形，边缘具明显锯齿，两面稍密被白色短柔毛，侧脉每侧4～7条，背面稍隆起；叶柄密被贴伏短柔毛。

花 聚伞花序假顶生或腋生，具4～10花；花序梗长12cm，花梗长1～3cm；花萼5裂达基部；花冠淡红色，二唇形，檐部上唇2裂，下唇3裂，花冠外面疏被腺状短柔毛。

果 未见。

濒危等级（Status）
极危（CR）

引种信息
桂林植物园 自广西梧州引种。生长良好。

物候
桂林植物园 花期8～9月。

迁地栽培要点
对高温抵抗性较差，需栽培于低温温室，并用苔藓覆盖盆上，保持湿度。喜阴湿环境。种子繁殖。

主要用途
室内观赏。

43 异萼直瓣苣苔

Oreocharis dimorphosepala (W. H. Chen & Y. M. Shui) Mich. Möller in Candollea 69: 182. 2014.

植株

自然分布
云南东南部；附生于林下石上及树干上，海拔2000~2400m。

迁地栽培环境
昆明植物园　盆栽于温室中。

迁地栽培形态特征
多年生草本。

叶　全部基生；叶片宽卵形或圆形，顶端圆，基部浅心形或圆形，边缘具圆齿，叶面密被贴伏短柔毛，背面密被白色短柔毛，侧脉每边4~5条，叶面不明显，背面稍隆起。

花　聚伞花序腋生，每花序具3~6花；花序梗与花梗被绢毛。花萼5裂至近基部，裂片不相等。花冠筒状，紫色，外面被短柔毛和腺毛，内面无毛。雄蕊4，着生于距花冠基部1~2 cm处，花丝线状，无毛；退化雄蕊着生于距花冠基部2mm处。花盘边缘波浪状。雌蕊无毛，柱头盘状。

🟣果 未见。

濒危等级（Status）
　　濒危（EN）

引种信息
　　昆明植物园　2018年引种自云南金平；2018年引种自云南元阳（18HT2152）。

物候
　　昆明植物园　花期7~8月。

迁地栽培要点
　　盆栽于苔藓腐殖土中，表层用苔藓覆盖，置于温室的阴湿处。

主要用途
　　用于盆栽观赏。

44 剑川马铃苣苔

Oreocharis georgei J. Anthony in Notes Roy. Bot. Gard. Edinburgh 18: 202. 1934.

自然分布
云南西北部和四川西南部；生于林缘及林中岩石上，海拔3000~3350m。

迁地栽培环境
昆明植物园 盆栽于温室中。

迁地栽培形态特征
多年生草本。

茎 根状茎短而粗，长1cm，直径6mm。

叶 全部基生，具叶柄；叶片长圆形，长2~7cm，宽1~2cm，顶端微尖，基部楔形，边缘具细齿，上面脉被黄褐色长柔毛，下面被较密的黄褐色长柔毛，侧脉每边4~5条，下面隆起；叶柄长1.5~5cm，被黄褐色长柔毛。

花 聚伞花序1~4条，每花序具1~3花；花序梗长5~13cm；苞片线形，长2mm；花梗长0.8~1.7cm。花萼5裂至近基部，裂片长圆形，长4mm，宽1.6mm，顶端钝，全缘。花冠细筒状，黄色，长1.6cm，外面被短柔毛；筒长1cm。

果 未见。

濒危等级（Status）
濒危（EN）

引种信息
昆明植物园 2001年引种自云南丽江；2016年引种自云南宁蒗（2016063004）；2018年引种自云南巧家（201809003）。

物候
昆明植物园 花期6~7月。

迁地栽培要点
盆栽于腐殖土中，苔藓覆盖，置于温室开放通风处。

主要用途
观赏。

开花植株

叶的正反面

花序

花正面

花的解剖

花萼及雌蕊

45 川滇马铃苣苔

Oreocharis henryana Oliv. in Hook. Icon. Pl. 20: pl. 1944. 1890.

自然分布
云南北部、四川及甘肃南部；生于山地潮湿岩石上，海拔650~2600m。

迁地栽培环境
昆明植物园　盆栽于温室中。

迁地栽培形态特征
多年生草本。

茎　根状茎粗短，直径约1.5cm。

叶　叶基生；叶片狭长圆形，长2~8.3cm，宽1~3.5cm，先端钝，基部浅心形，边缘具波状圆齿，上面被短柔毛，下面密被淡褐色毡毛，侧脉每侧5~7条，在两面不明显，叶柄长1.5~10cm，密被淡褐色毡毛。

花　聚伞花序2回分枝，2~4条，每花序具4~10花，花序梗长7~18cm，与花梗被深紫色腺状柔毛，苞片2，钻形至线形，长4~5mm，宽0.3~0.5mm，边缘全缘，被柔毛，花梗长0.5~4cm。花萼5裂至近基部，裂片线状披针形，长3~5mm、宽0.7mm，边缘全缘，外面被柔毛和腺状柔毛，内面近无毛。花冠钟状，紫色至深紫色，长7~11cm，外面近无毛，筒长5~6mm。

果　未见。

濒危等级（Status）
濒危（EN）

引种信息
昆明植物园　2001年引种自云南丽江；2016年引种自甘肃文县（16CS11727）。

物候
昆明植物园　花期6~7月。

迁地栽培要点
盆栽于腐殖土中，苔藓覆盖，置于温室开放通风处。

主要用途
观赏。

46 长叶粗筒苣苔

Oreocharis longifolia (Craib) Mich. Möller & A. Weber in Phytotaxa 23: 23. 2011.

栽培植株

自然分布

产云南西部和西藏东南部，缅甸北部也有分布；附生于林下石上及树干上，海拔2200～2400m。

迁地栽培环境

昆明植物园 盆栽于温室中。

迁地栽培形态特征

多年生草本。

🌿 茎 无。

🌿 叶 全部基生；叶片披针形，长5～14cm，顶端渐尖，向基部渐狭成柄，边缘具小牙齿，两面疏被淡褐色贴伏短柔毛，叶脉被淡褐色长柔毛，侧脉每边6～7条，下面稍隆起；叶柄长2～5cm，被较密的短柔毛。

🌼 花 聚伞花序伞状，2～4条，每花序具2～5花；花序梗长12～14cm，疏生淡褐色短柔毛；苞片2，线形，长8～10mm，宽1～2mm，两面被淡褐色短柔毛，顶端钝，全缘；花梗长1.8～2cm，被长柔毛和腺状柔毛。花萼5裂达基部，裂片相等，长圆形，长5～6mm，顶端渐尖，全缘，外面被长柔毛，内面无毛，花冠粗筒状，下方肿胀，长2.2～3.5cm，直径8～15mm，黄色，外面被柔毛，无斑点；筒长1～2.2cm。

🟣果 未见。

濒危等级（Status）
濒危（EN）

引种信息
昆明植物园 2001年引种自云南新平；2018年引种自云南永德（18HT1430）。

物候
昆明植物园 花期7～8月。

迁地栽培要点
盆栽于腐殖土中，置于温室的阴湿处。

主要用途
用于盆栽观赏。

花正面　花侧面　花冠口部　花解剖

47 圆叶马铃苣苔

Oreocharis rotundifolia K. Y. Pan in Acta Phytotax. Sin. 25: 280. 1987.

开花植株

自然分布

分布于云南屏边;生于林下岩石上,海拔2100m。

迁地栽培环境

昆明植物园　盆栽于温室内。

迁地栽培形态特征

多年生小草本。

茎 无。

叶 全部基生，具长柄；叶片近圆形，长1.2～2.4cm，宽1.4～2.2cm，顶端圆形，基部心形，边缘具圆齿，上面被贴伏短柔毛，下面疏被短柔毛，侧脉每边4～5条，下面稍隆起，被较密的锈色长柔毛和短柔毛；叶柄长2～4cm，连同花序梗、花梗被锈色长柔毛。

花 聚伞花序约5条，每花序具1～3花；花序梗长约7.5cm；苞片2，长圆形，长约2.5mm，顶端圆形，被锈色长柔毛；花梗长约2mm。花萼5裂至近基部，裂片长圆形，长5mm，宽1.2mm，顶端钝，全缘，外面被锈色长柔毛，内面近无毛。花冠细筒状，黄色，长1.6cm，两面被短柔毛；筒长9mm，直径10mm。

果 未见。

濒危等级（Status）

濒危（EN）

引种信息

昆明植物园 2018年引种自云南屏边（18HT2034）。

物候

昆明植物园 花期7～8月。

迁地栽培要点

盆栽于腐殖土中，水分不宜太多。

主要用途

用于盆栽观赏。

中国迁地栽培植物志·苦苣苔科·马铃苣苔属

48
弥勒苣苔

Oreocharis mileensis (W. T. Wang) Mich. Möller & A.Weber in Phytotaxa 23: 23. 2011.

开花植株

自然分布

云南石林、贵州兴义、广西隆林；海拔1100m。

迁地栽培环境

桂林植物园 盆栽于低温温室。

贵州植物园 露天栽培于岩石上。

迁地栽培形态特征

多年生草本。

🟣茎 根状茎短，粗5~10mm。

🟣叶 叶7~10枚，基生，叶片椭圆形，长2~4.8cm，宽1.2~1.8cm，革质，先端钝，边缘具小钝齿，基部楔形，上面密被贴伏的白色短柔毛，下面被褐色绵毛，侧脉每侧5~6条，在上面凹陷，在下面突起。

🟣花 花序2~5条，不分枝，每花序具3~8花；花序梗长6.5~12cm，密被褐色短柔毛；苞片2、对生，线状披针形，长7~10mm，宽1.2~3mm，外面被褐色绵毛，内面无毛，花梗长1.6~2.7cm，具短柔毛和腺状短柔毛。花萼5裂达基部，裂片线状披针形，长4~7.5mm，宽0.4~1.2mm，先端急尖，外面密被短柔毛，内面无毛。花冠黄色，长1.6~1.8cm，外面被腺状短柔毛，内面于裂片密被微柔毛；筒长1.3~14cm，口部粗3.5~5mm。

🟣果 未见。

濒危等级（Status）

濒危（EN）

引种信息

桂林植物园 自广西隆林（PB20160617）引种成苗。生长良好。

贵州省植物园 2017年自云南引种成苗。

物候

桂林植物园 花期8月。

贵州省植物园 花期8月。

迁地栽培要点

对高温的抵抗性差，需盆栽于低温温室，对光照、水分的要求不高，人工授粉结种，种子播种繁殖。

主要用途

用于盆栽观赏。

花侧面

花正面

花序

喜鹊苣苔属

Ornithoboea Parish ex C. B. Clarke, in A. DC. Monogr. Phan. 5: 147. 1883.

多年生有茎草本，植株被蛛丝状绵毛或柔毛。叶对生，具柄；叶片膜质，偏斜，基部心形，全缘。聚伞花序1~2次分枝，顶生和腋生；苞片2或不明显。花萼钟状，5裂至近基部，裂片相等。花冠斜钟形，蓝紫色、淡紫色、粉红色、白色；筒短于檐部；檐部二唇形，上唇2裂，与下唇远离且短于下唇，裂片短或成边缘状，下唇3裂，裂片相等，内面具髯毛。可育雄蕊2，花丝不叉分或近顶端关节处叉分成一不育枝和一能育枝，花药椭圆形，顶端连着，两端钝，2室，顶端汇合；退化雄蕊2，稀为3。花盘不明显或环状。子房被毛，卵球形，比花柱短，稀等长，常为花柱的1/2~1/3，花柱纤细，上部弯曲，柱头1，头状。蒴果长椭圆形，外面被柔毛，基部花萼宿存，螺旋状卷曲。种子多数，卵形或卵状纺锤形，褐色、深褐色。

约11种，分布于我国南部，越南、泰国至缅甸东部，南至马来西亚。我国有5种，分布于广西西南部、贵州南部至云南西南部。

49
灰岩喜鹊苣苔

Ornithoboea calcicola C. Y. Wu ex H. W. Li in Bull. Bot. Res. 3 (2) : 42, 55, photo. 20, 1983.

自然分布

云南南部；生于石灰岩上，海拔约1000m。

迁地栽培环境

昆明植物园　盆栽于温室内。

迁地栽培形态特征

多年生草本。

🌿 **茎**　高达60cm，近圆柱形，直径约6mm，被褐色长柔毛，下部无叶，具木栓质状的叶痕。

🍃 **叶**　对生，具长柄；叶片膜质，狭宽卵形，长3.5~10cm，宽2~6.5cm，顶端短尖，基部偏斜，边缘具细圆齿，上面疏被长柔毛，下面密被短柔毛，侧脉每边8~10条，下面隆起，被长柔毛；叶柄长1~10.5cm，被黄色长柔毛。

🌸 **花**　聚伞花序腋生，长6.5cm，具3~7花；花序梗长2.5cm，密被淡黄色柔毛，花梗细，长达1.5cm。花萼5裂至近基部，裂片披针形，长约8mm，顶端渐尖，基部宽达3mm，外面密被柔毛，内面密被短柔毛，具3脉。花冠淡蓝紫色，长约1.4cm，外面被短柔毛；筒长8mm，内面无毛。

🍒 **果**　未见。

濒危等级（Status）

濒危（EN）

引种信息

昆明植物园　2018年引种自云南元江（18CS7390）。

物候

昆明植物园　花期7~8月。

迁地栽培要点

盆栽于温室内，腐殖质土疏松透气。

主要用途

盆栽观赏。

蛛毛苣苔属

Paraboea (C. B. Clarke) Ridl., Journ. Straits Branch Roy. Asiat. Soc. 44: 63. 1905.

多年生草本，根状茎木质化，稀为亚灌木，幼时被蛛丝状绵毛。叶对生，有时螺旋状排列，上面被蛛丝状绵毛，后变近无毛，下面通常密被彼此交织的毡毛，毛簇生、星状或成树枝状分枝。聚伞花序腋生或组成顶生圆锥状聚伞花序；苞片1~2枚。花萼钟状，5裂达基部，裂片近相等。花冠斜钟状，白色、蓝色或紫色，稍二唇形，上唇2裂，下唇3裂。可育雄蕊2，着生于花冠近基部，花丝通常淡黄色，花药狭长圆形，稀椭圆形，两端钝或尖，顶端连着，药室2，汇合，极叉开；退化雄蕊1~3，稀不存在。无明显花盘。子房卵圆形或长圆形，向上渐细成花柱，柱头小，头状，稀近于舌状。蒴果通常筒形，稍扁，不卷曲或稍螺旋状卷曲。种子小，多数，无附属物。

约90种，分布于我国及不丹至印度尼西亚和菲律宾。我国有35种，分布于台湾、广东、海南、广西、云南、贵州、四川及湖北。

50 网脉蛛毛苣苔

Paraboea dictyoneura (Hance) Burtt in Not. Bot. Gard. Edinb. 41(3): 427. 1984.

自然分布

广东西北部及广西桂林至河池；生于山地疏林岩石上，海拔320~650m。

迁地栽培环境

桂林植物园 栽培于展示温室园假山石上。

迁地栽培形态特征

多年生草本。

茎 根状茎粗壮，长1.5~2.5cm，直径7~9mm。

叶 全部基生；叶片长圆形或狭长圆形，长7~14cm，宽1.2~4.5cm，顶端尖，基部渐狭下延成柄，边缘具不整齐粗齿，向上反卷，被疏绵毛，下面密被淡褐色毡毛，侧脉每边5~6条，上面不明显，下面隆起，细脉网结。

花 聚伞花序伞状，3~5条，顶生和腋生，每花序具4~12花；花序梗长14~17cm，无毛；苞片2，长1cm，下面被灰白色绵毛。花萼5裂，裂片线状披针形，长约3mm，外面被白色绵毛。花冠淡紫色，无毛，长1.2~1.5cm，直径约1cm；筒长9mm。

果 未见。

濒危等级（Status）

无危（LC）

引种信息

桂林植物园 2012年自广东英德（P133）引种成苗。生长良好。

物候

桂林植物园 花期5~6月。

迁地栽培要点

疏松透气的腐殖土基质，栽培于岩石边上。

主要用途

用作观赏。

植株

开花植株

花正面

花序

51
独山蛛毛苣苔

Paraboea dushanensis W. B. Xu & M. Q. Han in Bot. Stud. (Taipei) 58-56: 3. 2017.

开花植株

自然分布

贵州独山；生于石灰岩裸露石山阴湿处，海拔920m。

迁地栽培环境

桂林植物园 盆栽温室内、栽培于遮阳沙床上。

迁地栽培形态特征

多年生草本。

茎 具地下茎。

叶 全部基生，具短柄；叶片倒卵形或倒卵状长圆形，长2.5~5cm，宽1.3~2.4cm，叶面被灰白色绢状绵毛，背面密被绢状毡毛，顶端圆形，基部楔形，边缘具浅圆齿，侧脉每边4~6条，叶面不明显，背面稍隆起；叶柄密被绢状毡毛。

花 聚伞花序1~3条，每花序具1~3花；花序梗长4~7cm，花序梗与花梗及花萼近无毛；无苞片。花萼5裂至基部，裂片线状披针形，长约3mm；花萼钟状，5裂至基部，裂片相等，披针形，全缘。花冠斜钟形，淡紫色。

果 蒴果线形，长约2cm。

濒危等级（Status）

濒危（EN）

引种信息

桂林植物园 2018年自贵州独山（PB20181124）引种成苗。生长良好。

物候

桂林植物园 花期6月；果期7~11月。

迁地栽培要点

疏松透气的腐殖土基质，覆盖苔藓种植。

主要用途

适合裸露石山石缝绿化。

52 丝梗蛛毛苣苔

Paraboea filipes (Hance) Burtt in Not. Bot. Gard. Edinb. 41: 429. 1984.

自然分布

广东连南、韶关、阳山；生于石灰岩石山石壁上，海拔100~300m。

迁地栽培环境

桂林植物园 栽植于温室石壁上。

迁地栽培形态特征

多年生草本。

茎 根状茎细而木质化，长2.5cm，直径约3mm。

叶 全部基生，具短柄；叶片倒卵形，长2~5cm，宽0.7~2.2cm，上面近无毛或疏被灰白色绢状绵毛，下面密被绢状毡毛，顶端圆形，基部楔形，边缘稍内卷，具浅圆齿，侧脉每边4~6条，上面不明显，下面稍隆起；叶柄长4~9mm，密被绢状毡毛。

花 聚伞花序1~3条，每花序具2~5花；花序梗长3~7cm，与花梗及花萼近无毛；无苞片；花梗长2~3.5cm。花萼钟状，5裂至基部，裂片相等，披针形，长3~3.5mm，全缘。花冠斜钟形，淡紫色，长约1cm，直径约8mm；筒长约5mm，直径5mm。

果 未见。

濒危等级（Status）

极危（CR）

引种信息

桂林植物园 2015年自广东阳山（P1110）引种成苗。生长良好。

物候

桂林植物园 花期8~9月。

迁地栽培要点

最好种植于阴湿的吸水石上。

主要用途

适合裸露石山石缝绿化。

植株 | 花正面 | 开花植株 | 花序

53 桂林蛛毛苣苔

Paraboea guilinensis L. Xu & Y. G. Wei in Acta Phytotax. Sin. 42: 380. 2004.

自然分布

广西桂林、灵川、荔浦、恭城；生于石灰岩石山阴湿石壁，海拔150~350m。

迁地栽培环境

桂林植物园 露天栽培于园区假山石上。

迁地栽培形态特征

多年生草本。

茎 茎长2~10cm，直径4~5mm，不分枝。

叶 叶基生或聚生于茎枝顶端，具柄。叶片革质，倒卵状椭圆形，长2.8~5.8cm，宽1.5~2.2cm，先端圆，基部圆形，边缘内卷，具小齿，上面深绿色，后近无毛，下面被淡褐色蛛丝状绵毛，侧脉每侧5~6条，与中脉在上面微凹，下面隆起；叶柄长1.4~3cm，粗1.5~2mm，密被褐色绵毛，基部密被暗褐色绵毛。

花 聚伞花序5~7条，腋生，1~2回分枝，每花序具3~5花，花序梗纤细，长3.5~6.5cm，无毛，紫褐色，苞片缺失；花梗丝状，长1~2cm，无毛。花萼5裂至基部，线形，长1.8~2.1mm，宽0.5~0.7mm，边缘全缘，无毛。花冠蓝紫色，无毛，长1.3~1.5cm，直径约1cm，筒长6~8mm，口部直径约6mm。

果 蒴果线形，长2~2.8cm，宽2~2.4mm，无毛。

濒危等级（Status）

近危（NT）

引种信息

桂林植物园 2016年自广西桂林（PB20180810）引种成苗。生长良好。

物候

桂林植物园 花期5~6月；果期6~8月。

迁地栽培要点

疏松透气的腐殖土基质，栽培于岩石边上。

主要用途

用作地被观赏或制作微型盆景。

野外植株

栽培植株

花正面

花序

54 锈色蛛毛苣苔

Paraboea rufescens (Franch.) Burtt. in Notes Roy. Bot. Gard. Edinburgh 38: 471. 1980.

野外植株　　栽培植株

自然分布

广西西南部、贵州南部及云南东南部至南部；生于山坡石山岩石隙间，海拔700～1500m。泰国北部及越南也有分布。

迁地栽培环境

桂林植物园　露天栽培于园区假山石上。
昆明植物园　露天栽植于百草园岩石上。
上海植物园　大棚盆栽。

迁地栽培形态特征

多年生草本。

茎　根状茎木质化，粗壮，长4.5～12cm，直径4～10mm；茎极短，长2～10cm，密被锈色毡毛。

叶　对生，密集于茎近顶端，具叶柄；叶片长圆形，长3～12cm，宽2～5.5cm，顶端钝，基部圆形，边缘密生小钝齿，上面密被短糙伏毛，下面和叶柄密被锈色或灰色毡毛，侧脉每边5～6对，上面不明显，下面隆起；叶柄长1.5~7cm。

花 聚伞花序伞状，成对腋生，具5~10花；花序梗长4~8.5cm，被锈色毡毛；苞片2，卵形，长7~9mm，宽4~6mm，被锈色或灰色短毡毛；花梗细，长5~7mm，被疏柔毛或近无毛。花萼5裂至近基部，裂片相等，线形，长约4mm，近无毛。花冠狭钟形，淡紫色，长约1.3cm，直径约9mm，外面无毛；筒短而宽，长约7mm，直径约6mm。

果 未见。

濒危等级（Status）
无危（LC）

引种信息
桂林植物园 2014年自广西靖西引种成苗。生长良好。
昆明植物园 2016年自云南屏边引种；2019年自云南广南引种。
上海植物园 引种信息缺失。栽培较困难。

物候
桂林植物园 花期7~8月。
昆明植物园 花期7~8月。
上海植物园 花期6~7月。

迁地栽培要点
疏松透气的腐殖土基质，栽培于岩石边上。

主要用途
用作地被观赏。

花序

花正面

55
蛛毛苣苔

Paraboea sinensis (Oliv.) Burtt var. *sinensis* in Notes Roy. Bot. Gard. Edinburgh 38: 471. 1980.

自然分布

广西西南部（大新、天等、龙州、靖西、那坡、凤山）、云南西南部及东南部、贵州、四川东南部及湖北西部；海拔500~1200m。缅甸、泰国及越南也有分布。

迁地栽培环境

桂林植物园 盆栽于保育大棚。

贵州省植物园 露天栽培于岩石上。

迁地栽培形态特征

多年生亚灌木。

茎 常弯曲，高达30cm，幼枝具褐色毡毛，节间短。

叶 对生，具叶柄；叶片长圆形、长圆状倒披针形，长5.5~25cm，宽2.4~9cm，顶端短尖，基部楔形，边缘生小钝齿，幼时上面被灰白色或淡褐色绵毛，后变近无毛，下面密被淡褐色毡毛，侧脉每边10~13条，下面隆起；叶柄长3~6cm，被褐色毡毛。

花 聚伞花序伞状，成对腋生，具5~9花；花序梗长2.5~5.5cm，密被褐色毡毛；苞片2，圆卵形，长1~1.5cm，宽9~12mm，顶端钝，基部合生，全缘；花梗长8~10mm，具短绵毛。花萼绿白色，常带紫色，5裂至近基部，裂片相等，倒披针状匙形，长8~13mm，宽4~6mm，顶端圆形，全缘，两面近无毛。花冠紫蓝色，长1.5~2cm，直径约1.5cm，外面无毛；筒长1~1.3cm。

果 未见。

濒危等级（Status）

无危（LC）

引种信息

桂林植物园 2016年自广西靖西引种成苗，生长良好。

贵州省植物园 2017年从贵州紫云引种成苗；2018年从贵州关岭引种成苗。

物候

桂林植物园 花期6~7月。

贵州省植物园 花期6月。

迁地栽培要点

栽培于苔藓上，栽培时用少量腐殖土埋住根，避免阳光直射。

主要用途

用于盆栽观赏；亦可用于假山点缀。

栽培植株　野外　叶正面　花序

56 锥序蛛毛苣苔

Paraboea swinhoii (Hance) B. L. Burtt in Not. Bot. Gard. Edinb. 41(3): 439. 1984.

植株

自然分布

贵州、广西、台湾；泰国、越南、菲律宾也有分布；生于山坡林下阴湿岩石上，海拔300~1000m。

迁地栽培环境

桂林植物园 盆栽温室内、栽培于遮阳沙床上、温室岩石下。

形态特征

亚灌木或灌木。

茎 高30~60cm，圆柱状，不分枝，密被淡褐色毡毛。

叶 叶对生，具较长的柄；叶片纸质，狭椭圆形，长4~14cm，宽2~4cm，先端短渐尖，基部楔形，近全缘，上面被灰白色绵毛，下面密被淡褐色毡毛，侧脉每侧5~11条，下面稍隆起；叶柄长1~5cm。

花 聚伞花序伞状，组成圆锥状，顶生及成对腋生，每花序具10~20花，花序梗被淡褐色绵毛；苞片2，卵状长圆形，长3~10mm，先端圆形，外面被淡褐色毡毛，花梗细，长5~8mm，被淡褐色绵毛。花萼长1.5~2.5mm，5裂至近基部、裂片相等，长1.2~2.3mm，宽0.5~1mm，先端钝，外面被毡毛。花冠白色，长4~6mm，外面无毛，筒长3~4mm。

果 蒴果线形，长2~2.5cm，直径约1.2mm，顶端具短尖，螺旋状卷曲，褐色，无毛。

濒危等级（Status）

无危（LC）

引种信息

桂林植物园 2018年自广西靖西（PB20181010）引种成苗。生长良好。

物候

桂林植物园 花期6~7月；果期8~12月。

迁地栽培要点

疏松透气的腐殖土基质，覆盖苔藓种植。

主要用途

适合裸露石山石缝绿化。

花序

57 四苞蛛毛苣苔

Paraboea tetrabracteata F. Wen, Xin Hong & Y. G. Wei in Phytotaxa 131: 2. 2013.

开花植株

自然分布

广东阳春、韶关；生于山坡石山岩石隙间，海拔230～350m。

迁地栽培环境

桂林植物园　栽培于展示温室园假山石上。

迁地栽培形态特征

多年生草本。

🌿 茎直立，密被锈色毡毛。

🍃 对生，密集于茎近顶端，具叶柄；叶片长圆形，顶端钝，基部圆形，边缘密生小钝齿，叶面密被短糙伏毛，背面和叶柄密被锈色或灰色毡毛，侧脉每边4~6对，叶面不明显，背面隆起。

🌸 **花** 聚伞花序伞状，成对腋生，具3~7花；花序梗被锈色毡毛；苞片2，卵形，被锈色短毡毛；花梗细，被疏柔毛。花萼5裂至近基部，近无毛。花冠狭钟形，淡紫色，外面无毛；檐部二唇形，上唇比下唇短，2裂，下唇3裂。

🍇 **果** 未见。

濒危等级（Status）

极危（CR）

引种信息

桂林植物园 2015年自广东阳春（PB20150425）引种成苗。生长良好。

物候

桂林植物园 花期5~6月。

迁地栽培要点

疏松透气的腐殖土基质，栽培于岩石边上。

主要用途

用作观赏。

花正面

58 文山蛛毛苣苔

Paraboea wenshanensis Xin Hong & F. Wen in PhytoKeys 95(2): 84. 2018.

自然分布

云南文山；生于石灰岩石山林下阴湿处，海拔920m。

迁地栽培环境

桂林植物园 盆栽温室内、栽培于遮阳沙床上。

昆明植物园 盆栽于温室内。

贵州省植物园 盆栽于玻璃温室内；露天栽植于岩石缝中。

迁地栽培形态特征

多年生草本。

🌱 **茎** 具地下茎，4~10cm。

🍃 **叶** 全部基生，具短柄；叶片倒卵形或倒卵状长圆形，长2~5cm，宽0.7~2.2cm，上面被灰白色绢状绵毛，下面密被绢状毡毛，顶端圆形，基部楔形，边缘具浅圆齿，侧脉每边4~6条，上面不明显，下面稍隆起；叶柄长4~9mm，密被绢状毡毛。

🌸 **花** 聚伞花序1~3条，每花序具1~3（~4）花；花序梗长3~7cm，与花梗及花萼近无毛；无苞片；花梗长2~3.5cm。花萼钟状，5裂至基部，裂片相等，披针形，长3~3.5mm，全缘。花冠斜钟形，淡紫色，长约1cm，直径约8mm；筒长约5mm，直径5mm。

🍎 **果** 蒴果线形，螺旋状扭曲，长约3cm，无毛。

濒危等级（Status）

濒危（EN）

引种信息

桂林植物园 2018年自云南文山（PB20181124）引种成苗。生长良好。

昆明植物园 2018年自云南马关（18HT1299）引种成苗。生长良好。

贵州省植物园 2017年自云南引种成苗。生长良好。

物候

桂林植物园 花期6月。

昆明植物园 花期7~8月。

贵州省植物园 花期6月；果期8月。

迁地栽培要点

疏松透气的腐殖土基质，覆盖苔藓种植。

主要用途

适合裸露石山石缝绿化。

59 湘桂蛛毛苣苔

Paraboea xiangguiensis W. B. Xu & B. Pan in Bot. Stud. (Taipei) 58-56: 11. 2017.

开花植株

自然分布

广西全州，湖南冷水滩；生于石灰岩林下石山阴湿处，海拔240m。

迁地栽培环境

桂林植物园　盆栽温室内。

迁地栽培形态特征

多年生草本。

茎　具直立茎。

叶　全部基生，8~16枚，具短柄；叶片倒卵形或倒卵状长圆形，叶缘被锈色绢状毡毛，背面密被绢状毡毛，顶端圆形，基部楔形，边缘具浅圆齿，侧脉每边4~6条，叶正面不明显，背面稍隆起；叶柄密被绢状毡毛。

花　聚伞花序2~5条，每花序具6~22花；花序梗长7~12cm，花序梗与花梗及花萼近无毛；无苞片。花萼钟状，5裂至基部，裂片相等，披针形，全缘。花冠斜钟形，淡紫色，花冠筒长1.3cm，口部直径1cm。

果　未见。

濒危等级（Status）

极危（CR）

引种信息

桂林植物园　2016年引自广西全州（PB20160412）引种成苗。生长良好。

物候

桂林植物园　花期4~5月。

迁地栽培要点

疏松透气的腐殖土基质，覆盖苔藓种植。

主要用途

适合裸露石山石缝绿化。

花序

花正面

石山苣苔属

Petrocodon Hance, in Journ. Bot. 21: 167. 1883.

多年生草本，具根状茎。叶均基生，具柄，披针形、长圆形、卵形、倒卵形、近心形等，具羽状脉。聚伞花序腋生，苞片2；花萼钟状，5裂达基部，裂片线形、披针形、长圆形等。花冠颜色丰富，红色、紫色、蓝紫色、白色、黄色、绿色、粉红色等；筒宽漏斗形、窄漏斗形、坛状、壶状、细筒形、粗筒形、坛状粗筒形等，变化丰富；筒比檐部稍长，或等长；檐部不明显二唇形或二唇形，上唇比下唇稍短或上唇明显短于下唇，2深裂，下唇3深裂；或檐部辐射及近辐射，则裂片近等大等长。可育雄蕊2，少数为4，内藏，花丝狭线形或线形，或膝状弯曲或直，花药连着，顶端汇合；退化雄蕊3或1，具辐射花冠者无退化雄蕊。花盘环形。雌蕊常伸出，子房线形，无柄或罕有柄，有侧膜胎座2，柱头小，近球形。蒴果线形或卵球形、长圆形，室背开裂成2瓣。种子多数，纺锤形，无附属物。

本属有45种，分布于我国和泰国、越南及老挝。我国有42种，分布于华中、华南至西南（除西藏外）各地。

60 朱红苣苔

Petrocodon coccineus (C. Y. Wu ex H. W. Li) Yin Z. Wang in J. Syst. Evol. 49: 60. 2011.

自然分布
广西（凭祥、百色、靖西、凌云、那坡、乐业、凤山、环江）、云南（东南部）和贵州南部，越南也有分布；生于石灰岩石山林中石上，海拔1000～1460m。

迁地栽培环境
桂林植物园 栽培于展示温室拟原生境吸水石上。
昆明植物园 温室内栽植于岩石、木桩上。
贵州省植物园 栽培于展示温室拟原生境吸水石上。

迁地栽培形态特征
多年生草本。

茎 根状茎粗1cm。

叶 10～20枚，均基生；叶片革质，椭圆状狭卵形，两侧稍不相等，长4.5～9.5cm，宽2～4.2cm，顶端微尖，基部钝，边缘有小齿，两面稍密被短柔毛，侧脉每侧5～8条；叶柄长3～14.5cm，与花序梗密被贴伏柔毛。

花 花序有9～11花；花序梗长9～20cm；花梗长2～4mm，被淡黄色柔毛。花萼长3～7mm，裂片狭线状披针形，宽0.3～0.75mm，外面被短柔毛。花冠朱红色，长1.9～2.5cm，外面密被短柔毛，内面疏被短毛；筒长1.5～2.1cm，口部粗约5mm。

果 未见。

濒危等级（Status）
无危（LC）

引种信息
桂林植物园 自广西靖西引种成苗。生长良好。
昆明植物园 2017年自云南麻栗坡（17HT1288）引种成苗。生长良好。
贵州省植物园 2017年从广西引种成苗。

物候
桂林植物园 花期5～6月。
昆明植物园 花期4～6月。
贵州省植物园 花期5月下旬。

迁地栽培要点

栽培基质要保证有足够的钙质，可添加适量农用消石灰（氢氧化钙）或煅烧过的贝壳和鸡蛋壳等，保证土壤pH≥7.5，不超过8.5；在盆土中掺入至少1/3的珍珠岩；对干旱胁迫十分敏感；避免强烈的日光直射；对空气湿度要求较高，全年均能维持在90%左右较好；每年换盆。采用种子繁殖。

主要用途

适合裸露石山林下绿化及园林绿化中林下植物配置。

61 革叶石山苣苔

Petrocodon coriaceifolius (Y. G. Wei) Y. G. Wei & Mich. Möller in Phytotaxa 23: 59. 2011.

自然分布
广西阳朔、荔浦、平乐、灌阳，湖南江华；生于石灰岩岩洞石壁或林下石壁，海拔170～330m。

迁地栽培环境
桂林植物园　栽培于展示温室假山石壁上。

迁地栽培形态特征
多年生草本。

茎　根状茎直立。

叶　4～8枚，均基生，具柄；叶片革质，椭圆状倒卵形、椭圆形或长圆形，顶端微尖或渐尖，基部宽楔形或楔形，边缘在中部之上有小浅齿，或呈波状近全缘，或有时有小齿，叶面疏被短伏毛，背面沿脉密被短伏毛，侧脉每侧4～5条；叶柄被短伏毛。

花　聚伞花序1～3条，近伞状，每花序有4～15花；花序梗被近贴伏的短毛；苞片线形，疏被短伏毛；花梗细，密被短糙伏毛。花萼5裂至基部，两面疏被短糙毛。花冠白色，坛状粗筒形，外面上部被短柔毛，内面无毛。

果　未见。

濒危等级（Status）
易危（VU）

引种信息
桂林植物园　自广西灌阳（P103）引种成苗。生长一般，长势一般。

物候
桂林植物园　花期7～8月。

迁地栽培要点
适应性较好，对温度、水分要求不高，较喜荫蔽环境，适合栽培于岩石缝中。
采用种子繁殖，偶用叶片扦插繁殖。

主要用途
适合裸露石山林下绿化及园林绿化中林下植物配置。

花侧面

花正面

花序

62 石山苣苔

Petrocodon dealbatus Hance in J. Bot. 21: 167. 1883.

野外植株

自然分布

广东北部、广西北部、贵州、湖南、湖北西南部；海拔250～670m。

迁地栽培环境

桂林植物园　盆栽于展示温室，栽培于展示温室岩缝。

贵州省植物园　盆栽于展示温室。

迁地栽培形态特征

多年生草本。

🌿 茎　根状茎直，长2.5～6cm、粗2～10mm。

🌿 叶　5～15具柄，叶片纸质，倒披针形，长5～14cm，宽1.5～5.5cm，先端急尖，基部宽楔形，边缘在中部之上有浅圆齿，上面疏被短糙伏毛，下面沿脉密被短糙伏毛，侧脉每侧4～5条；叶柄长0.5～1.1cm，被短糙伏毛。

🌸 花　聚伞花序1～3条，近伞状，每花序具4～11花；花序梗长7.5～11cm，被短糙伏毛，苞片线形，长3～7mm，疏被短糙伏毛。花梗细，长3～6mm，密被短糙伏毛。花萼5裂至基部，裂片披针状狭线形，长2～5mm，宽0.2～0.3mm，两面疏被短糙毛。花冠白色，坛状粗筒形，长5.5～8mm，外面上部被短柔毛，内面无毛，筒长4～5mm，口部直径约25mm。

🟣 **果** 蒴果长1.2～2.2cm，宽约1.5mm，无毛。

濒危等级（Status）
无危（LC）

引种信息
桂林植物园 2015年自广西贺州黄田（P1107）引种成苗。生长良好。

贵州省植物园 2016年自贵州江口黄牯山引种成苗；2018年自贵州黄平飞云大峡谷、施秉云台山引种成苗。

物候
桂林植物园 花期7～8月。

贵州省植物园 花期6月。

迁地栽培要点
适应性较强，对温度、水分要求不高，避免阳光直射。

主要用途
花小巧像铃铛，用于盆栽观赏；或配植于生态缸。

开花植株

花正面

花侧面

63 东南石山苣苔

Petrocodon hancei (Hemsl.) A. Weber & Mich. Möller in Phytotaxa 23: 59. 2011.

自然分布

广东北部、广西中北部（全州、灌阳、平乐、桂林、贺州、罗城、天峨）、贵州独山、黄平，湖南永州、湖北西南部；生于山谷阴处石上或石山林中，海拔500～1050m。

迁地栽培环境

桂林植物园 栽培于遮阳大棚内。

迁地栽培形态特征

多年生草本。

茎 根状茎直。

叶 5～15枚，具柄；叶片纸质或薄革质，椭圆状倒卵形、椭圆形或长圆形，顶端微尖或渐尖，基部宽楔形或楔形，边缘在中部之上有小浅齿，或呈波状近全缘，或有时有小牙齿，叶面疏被短伏毛，背面沿脉密被短伏毛，侧脉每侧4～5条；叶柄被短伏毛。

花 聚伞花序1～3条，近伞状，每花序有4～15花；花序梗被近贴伏的短毛；苞片线形，疏被短伏毛；花梗细，密被短糙伏毛。花萼5裂至基部，裂片披针状狭线形，两面疏被短糙毛。花冠白色，坛状粗筒形，外面上部被短柔毛，内面无毛。

果 未见。

濒危等级（Status）

无危（LC）

引种信息

桂林植物园 自广西贺州（PB20171223）引种成苗。生长一般。

物候

桂林植物园 花期7～8月。

迁地栽培要点

适应性较好，对温度、水分要求不高，较喜荫蔽环境，栽培基质疏松通气。采用种子繁殖，偶用叶片扦插繁殖。

主要用途

适合裸露石山林下绿化及园林绿化中林下植物配置。

中国迁地栽培植物志·苦苣苔科·石山苣苔属

野外植株　盆栽植株　栽培植株　花序

64
河池石山苣苔

Petrocodon hechiensis (Y. G. Wei, Yan Liu & F. Wen) Y. G. Wei & Mich. Möller in Phytotaxa 23: 60. 2011.

自然分布
广西河池、环江；生于石灰岩石山阴湿石壁或石灰岩洞穴石壁，海拔230~330m。

迁地栽培环境
桂林植物园 栽培展示温室假山石壁上。

迁地栽培形态特征
多年生草本。

茎 根状茎直，长2.5cm。

叶 叶5~15枚，具柄；叶片纸质，椭圆状倒卵形、椭圆形或长圆形，顶端微尖或渐尖，基部宽楔形或楔形，边缘有小齿，叶面疏被短柔毛，背面沿脉密被短柔毛，侧脉每侧4~5条；叶柄被短柔毛。

花 聚伞花序1~5条，近伞状，每花序有2~8花；花序梗被短柔毛；苞片线形，疏被短柔毛；花梗细，密被短柔毛。花萼5裂至基部，裂片披针状狭线形，两面疏被短柔毛。花冠黄白色，外面上部被短柔毛，内面无毛。

果 未见。

濒危等级（Status）
极危（CR）

引种信息
桂林植物园 自广西河池（P129）引种成苗，生长良好。

物候
桂林植物园 花期8~9月。

迁地栽培要点
适应性较好，对温度、水分要求不高，较喜荫蔽环境，适合栽培于岩石缝中。采用种子繁殖。

主要用途
适合裸露石山林下绿化及园林绿化中林下植物配置。

65 湖南石山苣苔

Petrocodon hunanensis X. L. Yu & Ming Li in Phytotaxa 195: 68. 2015.

开花植株

自然分布

湖南东安；生于石灰岩石壁，海拔560m。

迁地栽培环境

桂林植物园 温室内混合腐殖土及苔藓栽培于岩石上。

迁地栽培形态特征

多年生草本。

茎 茎圆柱形，不分枝，长2.5～2.7cm。

叶 叶对生，叶片厚纸质，椭圆形，顶端钝，长4.5～7.3cm，宽2.5～4.3cm，叶面被紫色短柔毛，背面无毛。侧脉每侧6～8条；叶柄密被贴伏柔毛。

花 花序3～6条，每条有8～12花，花集生在花序梗顶端；花梗被锈色柔毛。花萼5裂至基部，裂片狭线状披针形，外面被短柔毛。花冠粉白色，外面密被短毛，内面疏被短毛。筒长2.7cm。

果 未见。

濒危等级（Status）

极危（CR）

引种信息

桂林植物园 2018年引自湖南东安（PB20181220）成苗，生长一般，长势较差。

物候

桂林植物园 花期7月。

迁地栽培要点

透气通水的疏松基质，混合栽培于岩石间。

主要用途

适合裸露石山林下绿化及园林绿化中林下植物配置。

花侧面

花正面

66
弄岗石山苣苔

Petrocodon longgangensis W. H. Wu &W. B. Xu in Syst. Bot. 39: 970. 2014.

自然分布
广西龙州；生于石灰岩林下石壁，海拔400m。

迁地栽培环境
桂林植物园　栽培保育温棚假山石上。

迁地栽培形态特征
多年生草本。

茎　根状茎圆柱形。粗约0.6cm。

叶　5~16枚，均基生，具柄；叶片草质，卵形、宽卵形至椭圆形，顶端钝或渐尖，基部楔形、圆形或浅心形，边缘具锯齿，长5.5~10.4cm，宽2.7~4.2cm，两面被贴伏毛，背面沿脉密被短伏毛，侧脉每侧5~8条，叶面稍凹陷。

花　聚伞花序2~5条，1~3回分枝，每花序有10~15花；花序梗被近贴伏的短毛；苞片线形，疏被短伏毛；花梗细，密被短糙伏毛。花萼5裂至基部，裂片披针状狭线形，两面疏被短糙毛。花冠紫色，坛状粗筒形，外面上部被短柔毛，内面无毛。筒长1.8cm。

果　未见。

濒危等级（Status）
极危（CR）

引种信息
桂林植物园　自广西龙州（PB20171122）引种成苗。生长一般。

物候
桂林植物园　花期9~10月。

迁地栽培要点
对高温抗性较差，较喜荫蔽环境，适合栽培于岩石缝中。采用种子繁殖。

主要用途
花卉观赏。

中国迁地栽培植物志·苦苣苔科·石山苣苔属

野外植株

盆栽植株花序　　　花序

67 陆氏石山苣苔

Petrocodon lui (Yan Liu & W. B. Xu) A.Weber & Mich. Möller in Phytotaxa 23: 60. 2011.

开花植株

自然分布

广西靖西、巴马；生于石灰岩岩洞石壁或林下石壁，海拔370～450m。

迁地栽培环境

桂林植物园　盆栽于展示温室。

迁地栽培形态特征

多年生草本。

茎 根状茎直,粗约0.4cm。

叶 4~6枚,均基生,具柄;叶片草质,椭圆状倒卵形、椭圆形或长圆形,顶端微尖或渐尖,基部宽楔形或楔形,边缘在中部之上有小浅齿,或呈波状近全缘,或有时有小牙齿,长约7cm,宽约4cm,叶面疏被短伏毛,背面沿脉密被短伏毛,侧脉每侧3~5条;叶柄被短伏毛。

花 聚伞花序2~4条,近伞状,每花序有5~10花;花序梗被近贴伏的短毛;苞片线形,疏被短伏毛;花梗细,密被短糙伏毛。花萼5裂至基部,两面疏被短糙毛。花冠白色,坛状粗筒形,外面上部被短柔毛,内面无毛。筒长2.1cm。

果 未见。

濒危等级(Status)

极危(CR)

引种信息

桂林植物园 自广西靖西(PB20150710)引种成苗。生长一般。

物候

桂林植物园 花期7~8月。

迁地栽培要点

对高温抗性较差,对水分要求不高,较喜荫蔽环境,适合栽培于岩石缝中。采用种子繁殖。

主要用途

花卉观赏。

花正面

花序

68
多花石山苣苔

Petrocodon multiflorus F. Wen & Y. S. Jiang in Nordic J. Bot. 29: 57. 2011.

自然分布

广西苍梧、广东肇庆；生于石灰岩石山阴湿石壁，海拔230~300m。

迁地栽培环境

桂林植物园 栽培展示温室假山石壁上。

迁地栽培形态特征

多年生草本。

茎 根状茎直，粗约0.4cm。

叶 5~15枚，具柄；叶片纸质或薄革质，椭圆状倒卵形、椭圆形或长圆形，顶端微尖或渐尖，基部宽楔形或楔形，边缘在中部之上有小浅齿，或呈波状近全缘，或有时有小齿，叶面疏被短伏毛，背面沿脉密被短伏毛，侧脉每侧4~5条；叶柄被短伏毛。

花 聚伞花序1~3条，近伞状，每花序有4~15花；花序梗被近贴伏的短毛；苞片线形，疏被短伏毛；花梗细，密被短糙伏毛。花萼5裂至基部，两面疏被短糙毛。花冠白色，坛状粗筒形，外面上部被短柔毛，内面无毛。筒长0.7cm。

果 蒴果线形，成熟时4瓣裂。

濒危等级（Status）

濒危（EN）

引种信息

桂林植物园 自广西苍梧（PB20170715）引种成苗。生长一般。

物候

桂林植物园 花期7~9月；果期8~10月。

迁地栽培要点

适应性较好，对温度、水分要求不高，较喜荫蔽环境，适合栽培于岩石缝中。采用种子繁殖，偶用叶片扦插繁殖。

主要用途

适合裸露石山林下绿化及园林绿化中林下植物配置。

中国迁地栽培植物志·苦苣苔科·石山苣苔属

开花植株

植株

花序

花、幼果

69 近革叶石山苣苔

Petrocodon pseudocoriaceifolius Yan Liu & W. B. Xu in Syst. Bot. 39: 970. 2014.

自然分布

广西罗城；生于石灰岩林下石壁，海拔270~370m。

迁地栽培环境

桂林植物园　栽培展示温室假山石壁上，盆栽于温室大棚。

迁地栽培形态特征

多年生草本。

茎　根状茎直，粗约0.5cm。

叶　4~9枚，均基生，具柄；叶片革质，椭圆状倒卵形、椭圆形或长圆形，顶端微尖或渐尖，基部宽楔形或楔形，边缘在中部之上有小浅齿，或呈波状近全缘，或有时有小齿，叶面疏被短伏毛，背面沿脉密被短伏毛，侧脉每侧4~5条；叶柄被短伏毛。

🌸 聚伞花序1~3条，近伞状，每花序有4~15花；花序梗被近贴伏的短毛；苞片线形，疏被短伏毛；花梗细，密被短糙伏毛。花萼5裂至基部，两面疏被短糙毛。花冠白色，坛状粗筒形，外面上部被短柔毛，内面无毛。筒长1.3cm。

🟣 未见。

濒危等级（Status）
　　极危（CR）

引种信息
　　桂林植物园　自广西罗城（PB20190707）引种成苗。生长一般。

物候
　　桂林植物园　花期8~9月。

迁地栽培要点
　　对高温抗性较差，较喜荫蔽环境，适合栽培于岩石缝中。采用种子繁殖，偶用叶片扦插繁殖。

主要用途
　　适合裸露石山林下绿化及园林绿化中林下植物配置。

野外植株　花侧面　花序

石蝴蝶属

Petrocosmea Oliv., in Hook. Icon. Pl. 18: sub pl. 1716. 1887.

多年生草本，通常低矮，具短而粗的根状茎。叶均基生，具柄，叶片卵形、椭圆形、宽披针形等，具羽状脉。聚伞花序腋生，1至数条，苞片2，1~2回分枝或不分枝，有少数或1花。花萼通常辐射对称，5裂达基部，裂片常线状披针形，稀卵形或三角形；稀左右对称，3裂达或近基部。花冠紫色、紫红色、蓝紫色或白色，筒粗筒状，檐部比筒长，罕有筒部长于檐部者；二唇形，上唇2裂，与下唇近等长或比下唇短约2倍，下唇3裂。可育雄蕊2，着生于花冠近基部处，花丝通常比花药短，稀较长，花药底着，通常椭圆形，稀圆形或卵形，有时在顶部之下缢缩，2药室平行，顶端不汇合或汇合；退化雄蕊3或2，小，稀或不存在。无花盘。雌蕊伸出花冠筒之上，子房卵球形，1室，2侧膜胎座，花柱细长，柱头小，近球形。蒴果长椭圆球形，室背开裂为2瓣。种子小，椭圆形，光滑，无附属物。

本属有54种，西自印度阿萨姆向东分布至我国湖北西部，北自秦岭南坡向南分布至越南和缅甸的南部，多数种分布于云贵高原及其相邻地区。我国有51种，分布于云南、四川、陕西南部、湖北西部、湖南北部、贵州和广西西南部。

70 秋海棠叶石蝴蝶

Petrocosmea begoniifolia C. Y. Wu ex H. W. Li in Bull. Bot. Res., Harbin 3(2): 22. 1983.

自然分布

产云南景东；生于山谷陡崖上或岩石上，海拔1600～2200m。

迁地栽培环境

昆明植物园　温室内盆栽。

迁地栽培形态特征

多年生小草本。

🌿 茎　根状茎短。

🌿 叶　约10枚，均基生，叶柄扁平，长1.2～8.5cm；叶片纸质，斜卵形，长0.5～4cm，宽0.6～3cm，顶端急尖，基部浅心形，边缘下半部或下部1/3部分全缘，其余部分有少数小齿，两面被短柔毛，侧脉每侧3～5条，上面不明显。

🌸 花　花序3～4条，每花序有1～3花；花序梗长2.5～6.5cm，与花梗均被白色短柔毛；苞片线形，长1.1～4mm，宽不到1mm，钝，被短柔毛。花萼5裂达基部，裂片线状披针形，长3～5mm，宽约0.8mm，顶端尖，外面被短柔毛，内面无毛，有3条脉。花冠白色，外面疏被短柔毛，内面无毛，筒长约7mm。

🍒 果　未见。

濒危等级（Status）

易危（VU）

引种信息

昆明植物园　2017年引种自云南景东（17HT0560）。

物候

昆明植物园　花期5～6月。

迁地栽培要点

盆栽在疏松透气的腐殖土基质中，喜阴喜湿。

主要用途

用于盆栽观赏。

开花植株

叶正面　　叶背面

花解剖　　花正面

71 贵州石蝴蝶

Petrocosmea cavaleriei Lévl. in Repert. Spec. Nov. Regni. Veg. 9: 329. 1911.

自然分布

贵州平坝、惠水、安顺、兴义、安龙、清镇、赫章和罗甸；生于林下石上，海拔1000～2200m。

迁地栽培环境

仙湖植物园　盆栽于人工补光恒温房。

桂林植物园　栽于展示温室拟原生境吸水石上。

迁地栽培形态特征

多年生草本。

🌿 **茎** 根状茎短。

🌿 **叶** 约10枚，具细长柄；叶片草质，正三角状卵形，长0.6～1.5cm，宽0.7～2.2cm，顶端钝，基部浅心形，边缘有波状浅钝齿，上面被贴伏短柔毛，下面有较密的毛，侧脉每侧约3条，不明显；叶柄细，长1～3.7cm，被白色短柔毛。

🌿 **花** 花序3～4条，每花序有1花；花序梗长3.5～6.5cm；苞片线形，长约2mm。花萼5裂达基部，裂片线形，长1.8～3mm，宽0.3～0.6mm，外面被短柔毛。花冠淡紫色，外面下部和内面上唇疏被短柔毛；筒长2～3mm。

🌿 **果** 未见。

濒危等级（Status）

易危（VU）

引种信息

仙湖植物园　自贵州（QZJ-1073）引种成苗。生长良好。

桂林植物园　自贵州引种成苗。生长良好。

物候

仙湖植物园　花期6～7月。

桂林植物园　花期9～10月。

迁地栽培要点

对夏季高温敏感，更适应于冷凉日温及较大的昼夜温差；对栽培土壤中的钙离子和镁离子有较高的要求；要求较高的荫蔽度。采用种子或叶插繁殖。

主要用途

适合裸露石山林下绿化及园林绿化中林下植物配置。

开花植株

花正面

183

72 金羊毛石蝴蝶

Petrocosmea chrysotricha M. Q. Han, H. Jiang & Yan Liu in Nordic J. Bot. 36(4): njb-01664. 2018.

开花植株

自然分布

云南新平；生于潮湿的石灰岩悬崖上，海拔2300m。

迁地栽培环境

仙湖植物园　盆栽于人工补光恒温房。

迁地栽培形态特征

多年生莲座状草本植物。

茎 根状茎短，须根密集。

叶 叶基生，20~25枚，叶柄紫色或绿色，表面具棕色柔毛和黄色的头状腺毛；叶片宽卵形或圆形，肉质，基部圆形，等边，具圆齿边缘和钝顶；正面被稀疏柔毛；背面密被短柔毛，具柔毛和黄色的头状腺毛在脉上；侧脉正面不明显，背面明显，每侧3~4。

花 聚伞花序3~15，1~2花；花序梗密被柔毛；苞片2，长约2mm，对生。花萼左右对称，不均等分成5裂片，外表面密被柔毛，内表面无毛；正面裂片短于背面裂片，3齿几乎到中部；背面裂片较长，全缘，狭三角形到披针形。花冠早期淡黄色，后期白色，外面短柔毛，里面无毛。筒长5mm。

果 未见。

濒危等级（Status）

濒危（EN）

引种信息

仙湖植物园 2013年自云南引种成苗。生长良好。

物候

仙湖植物园 花期7~8月。

迁地栽培要点

较喜凉爽环境，强烈阳光会造成叶片灼伤。采用分株繁殖。

主要用途

室内观赏。

73 绵毛石蝴蝶

Petrocosmea crinita (W. T. Wang) Z. J. Qiu in Plants of Petrocosmea in China. p20. 2015.

开花植株

自然分布

云南南部至东南部；生于林下石上，海拔约1200m。

迁地栽培环境

昆明植物园 温室内盆栽。

迁地栽培形态特征

多年生草本。

🟣茎 无。

🟣叶 5~10枚，具长柄；叶片薄纸质，椭圆形，长1.8~11.5cm，宽1.2~5.8cm，顶端微尖，基部斜，边缘有稍不等的小齿，两面密被短柔毛，侧脉每侧5~6条；叶柄长0.5~7cm，被柔毛。

🟣花 花序1~7条，每花序有1~3花；花序梗长2~4cm，被贴伏短柔毛；苞片不存在；花梗长约10mm。花萼长4~4.5mm，外面被短柔毛，内面无毛，宽约1mm。花冠白色，长约1.2cm，外面下部疏被短伏毛，内面无毛；筒长约4mm。

🟣果 未见。

濒危等级（Status）

　　濒危（EN）

引种信息

　　昆明植物园　2018年引自云南勐腊（18CS6783）；2018年引种自云南蒙自。

物候

　　昆明植物园　花期4~5月。

迁地栽培要点

　　基质疏松，通气透水，不定期进行分株，在昆明置于温室内，喜阴喜湿。

主要用途

　　用于盆栽观赏。

叶背面　花侧面　花序

花背面　花正面

74
萎软石蝴蝶

Petrocosmea flaccida Craib in Notes Roy. Bot. Gard. Edinburgh 11: 272. 1919.

自然分布

云南西北部及四川西南部；生于灌丛石上，海拔1830~3000m。

迁地栽培环境

昆明植物园 温室内盆栽。

迁地栽培形态特征

多年生矮小草本。

🌱 无。

🍃 6~12枚，具长柄；叶片草质，扁圆形，长1.2~3.4cm，宽1.2~4.2cm，顶端圆形，基部宽楔形，边缘全缘，两面疏被短柔毛，侧脉每侧约3条；叶柄扁，长3~9cm，疏被开展的短柔毛。

🌸 花序5~12条；花序梗长4.5~7.5cm，被开展的白色短柔毛，在中部附近有2苞片，顶端生1花；苞片小，狭线形，长1~1.5mm。花萼钟状，5裂达基部；裂片狭三角形，长3.2~4.2mm，宽约1mm，顶端微钝，外面被开展的白色柔毛，在中部之下毛较密。花冠蓝紫色，长约9.5mm，外面疏被短柔毛，内面无毛；筒长约2.5mm。

🍎 未见。

濒危等级（Status）

无危（LC）

引种信息

昆明植物园 2016年引种自四川木里（16CS12690）。

物候

昆明植物园 花期6~7月。

迁地栽培要点

盆栽在疏松透气的腐殖土基质中，喜阴喜湿。

主要用途

用于盆栽观赏。

75 大理石蝴蝶

Petrocosmea forrestii Craib in Not. Bot. Gard. Edinb. 11: 273. 1919.

开花植株

自然分布

云南北部（大理、漾濞、巧家）和四川西南部；生于阴处石上，海拔1560~2000m。

迁地栽培环境

仙湖植物　盆栽于人工补光恒温房。
桂林植物园　盆栽于人工补光恒温房。
上海植物园　大棚盆栽。

迁地栽培形态特征

多年生草本。

茎　无。

叶　15~60枚，外部的具长柄，内部的具短柄或近无柄；叶片草质，菱状椭圆形，长0.6~2.6cm，宽0.7~2.8cm，顶端微钝，基部宽楔形，边缘有不明显浅波状小齿，两面密或疏被绢状柔毛，侧脉每侧约3条，不明显；外部叶的叶柄长达1.5～4cm，被开展的白色柔毛。

花 花序6～18条；花序梗长5～9cm，疏被开展的白色短柔毛，在中部之上有2苞片，顶端有1花；苞片狭线形，长约3mm，被短柔毛。花萼钟状，5裂达基部，裂片披针状狭线形，长3.2～3.5mm，宽0.7～0.8mm，外面被短柔毛。花冠蓝紫色，外面疏被短柔毛，内面在上唇中部密被白色柔毛；筒长约3.5mm。

果 未见。

濒危等级（Status）
　　濒危（EN）

引种信息
　　仙湖植物园　自云南大理（QZJ-0930）引种成苗。生长良好。
　　桂林植物园　自云南临沧（PB2018110410）引种成苗。生长良好。
　　上海植物园　引种信息缺失。

物候
　　仙湖植物园　花期6～7月。
　　桂林植物园　花期6～7月。
　　上海植物园　12月至翌年1月。

迁地栽培要点
　　较喜凉爽环境，强烈阳光会造成叶片灼伤。采用分株繁殖。

主要用途
　　室内观赏。

76 光喉石蝴蝶

Petrocosmea glabristoma Z. J. Qiu & Yin Z. Wang in Pl. Diversity Resources 37(5): 554. 2015.

开花植株

自然分布

云南西双版纳，景谷；生于海拔800~900m的山地岩石上。

迁地栽培环境

仙湖植物园　盆栽于人工补光恒温房。

迁地栽培形态特征

多年生草本植物，莲座状。

叶　10~30枚，基生，外部叶片具有较长的叶柄，内部叶片叶柄短或近无柄；叶片草质，近三角形或三角状卵形，顶端钝，基部截形、圆形、楔形或近心形，边缘全缘，两面均密被白色短柔毛，侧脉每侧3~4条，不明显；叶柄细圆，密被柔毛。

花　每花序具1~3花；花序梗密被柔毛和腺毛；在中底部有2苞片，披针形，被白色短柔毛，花梗被白色开展长柔毛。花萼5裂达基部，裂片披针形，顶端尖，外面被白色短柔毛，内无毛。花冠浅蓝色，外面被微柔毛，内面无毛，在下唇基部有2个黄色斑点；上唇2裂至基部，裂片卵形，顶端圆形；下唇3裂至中部，裂片长圆形，顶端圆形。雄蕊2，无毛；花丝着生于约花冠筒基，无毛；花药斜卵形，无毛；退化雄蕊3，着生于花冠近基部处，无毛；子房卵球形，密被白色长柔毛和短腺毛；花柱基部疏生短腺毛。

果　蒴果长圆形，无毛。

濒危等级（Status）

濒危（EN）

引种信息

仙湖植物园　自北京植物园引种成苗。生长良好。

物候

仙湖植物园　花期9~10月。

迁地栽培要点

较喜凉爽环境，强烈阳光会造成叶片灼伤。采用分株繁殖。

主要用途

室内观赏。

花正面

花序

77 大叶石蝴蝶

Petrocosmea grandifolia W. T. Wang in Acta Bot. Yunnan. 7: 63. 1985.

自然分布

云南西部；生于林下石壁上，海拔约950m。

迁地栽培环境

昆明植物园 温室内盆栽或植于假山岩石上。

迁地栽培形态特征

多年生草本。

茎 根状茎块状，粗约3cm。

叶 约15枚，外方叶1~3枚最大，具长柄，叶片纸质，两侧不对称，卵形，长8~17.5cm，宽5.2~13.5cm，顶端急尖，边缘有不整齐牙齿，上面被长0.5~1.5mm和2~3.5mm的两种毛，下面稀被短柔毛，侧脉每侧6~10条；叶柄粗壮，扁，长5~15cm，宽3.5~7mm，密被淡褐色柔毛；近无柄，卵形，长3~5cm，边缘有小齿。

花 花序6~8条，2回分枝，有3~7花；花序梗长6~10cm，被柔毛；苞片2~5，卵形，长0.5~1.2cm，边缘有小牙齿；花梗长0.5~2.2cm，密被短柔毛。花萼5裂至基部，披针状线形，长6.5~8mm，宽1.5~2.5mm，顶端微尖，边缘全缘，外面被短柔毛，内面无毛，有3条脉。花冠白色，上方基部暗紫色，外面无毛，内面在下唇之下密被黄色小腺体和稀疏短柔毛；筒长约4mm。

果 未见。

濒危等级（Status）

无危（LC）

引种信息

昆明植物园 2017年自云南镇康引种成苗，生长良好。

物候

昆明植物园 花期8~9月。

迁地栽培要点

基质疏松，通气透水，喜阴喜湿，在昆明置于温室内，栽培于岩石间或盆栽。

主要用途

用于观赏。

开花植株

植株

叶正面

花正面

花序

78
合溪石蝴蝶

Petrocosmea hexiensis S. Z. Zhang & Z. Y. Liu in Phytotaxa 74: 35. 2012.

自然分布

重庆（南川、彭水）及贵州（道真）；生于海拔650~800m的阴湿沟旁岩石缝中。

迁地栽培环境

仙湖植物园 盆栽于人工补光恒温房。

迁地栽培形态特征

多年生草本。

茎 根状茎短。

叶 20~60枚，均基生，呈莲座状，内方的叶具短柄，外方叶具长柄，密被柔毛；叶片草质，卵状菱形到菱形，基部楔形，长3.5~6.6cm，宽2.3~4.6cm，顶端尖，边缘有波状锯齿或浅圆齿，两面密被短柔毛，侧脉每侧3条，不明显。

花 花序6~15；花序梗密被短柔毛，顶端有1花。花萼5裂近基部，裂片狭披针形，上方3萼片稍长，下方2萼片稍短，萼片外面被毛，内面无毛。花冠淡紫色，内外皆被短柔毛，筒内面在花丝下方有2个深紫色斑点，筒长1.2cm。

果 未见。

濒危等级（Status）

濒危（EN）

引种信息

仙湖植物园 引种成苗。生长良好。

物候

仙湖植物园 花期5~6月。

迁地栽培要点

较喜凉爽环境，强烈阳光会造成叶片灼伤。采用分株繁殖。

主要用途

室内观赏。

开花植株

花正面

79 蒙自石蝴蝶

Petrocosmea iodioides Hemsl. in Hooker's Icon. Pl. 26: t. 2599. 1899.

开花植株

自然分布

云南东南部和广西西南部；生于山地林中或阴处石崖上，海拔1100～2300m。

迁地栽培环境

昆明植物园　温室内盆栽。

迁地栽培形态特征

多年生草本。

🌿 **茎**　无。

🍃 **叶**　5～18枚，具长柄；叶片草质，椭圆形，长1.5～4.5cm，宽1～4.3cm，顶端微尖，基部心形，两面密被白色短柔毛，侧脉每侧约5条；叶柄长2~6.5cm，密被柔毛。

花 花序2~8条，每花序有2~4花；花序梗长4~7.5cm，与花梗均被开展的长柔毛；苞片线形，长2.5~3mm，被柔毛；花梗长0.8~1.6cm。花萼5裂达基部，披针状狭线形，长5~6mm，宽1~1.2mm，外面密被长柔毛。花冠蓝紫色，长1.2~1.5mm，外面疏被短柔毛，内面无毛；筒长约6.5mm。

果 未见。

濒危等级（Status）

无危（LC）

引种信息

昆明植物园 1999年引种自云南西畴；2017年引种自云南蒙自。

物候

昆明植物园 花期4~5月。

迁地栽培要点

盆栽在疏松透气的腐殖土基质中，喜阴喜湿。

主要用途

用于盆栽观赏。

植株

花正面

花序

80 长药石蝴蝶

Petrocosmea × *longianthera* Z. J. Qiu & Yin Z. Wang in J. Syst. Evol. 49(5): 461. 2011.

开花植株

自然分布

云南（砚山），贵州（安龙）；生于石灰岩山谷岩石，海拔1500～1800m。

迁地栽培环境

仙湖植物园　盆栽于人工补光恒温房。

迁地栽培形态特征

多年生草本。

🟣茎　根状茎粗短。

🟣叶　8~20枚，基生，莲座状，外方叶具较长柄；叶片草质，长卵形、卵形或菱形，长4.6~8.4cm，宽3.6~6.6cm，顶端钝，基部宽楔形、圆形或截形，边缘近全缘或有浅波状齿，叶面密被白色长柔毛，背面有时紫红色，密被红褐色长柔毛，侧脉每侧约4条，明显；叶柄细圆，叶柄、花序梗及花梗皆呈紫红色，皆密被开展红褐色长柔毛。

🟣花　花序3~15条，每花序具1~3花；在中间有2苞片，披针形，被柔毛。花萼5裂达基部，紫红色，裂片披针形，顶端尖，外面被开展的红褐色长柔毛，内面无毛。花冠蓝紫色，外面被白色柔毛，内面无毛，口部直径约2.1cm。

🟣果　未见。

濒危等级（Status）

濒危（EN）

引种信息

仙湖植物园　自云南（QZJ-1330）引种成苗。生长良好。

物候

仙湖植物园　花期10~11月。

迁地栽培要点

较喜凉爽环境，强烈阳光会造成叶片灼伤。采用分株繁殖。

主要用途

室内观赏。

野外植株

花正面

81
小石蝴蝶

Petrocosmea minor Hemsl. in Hook. Icon. Pl. ser. 4, 6: pl. 2600. 1899.

开花植株

自然分布
广西隆林、云南东南部（蒙自、广南、砚山）。

迁地栽培环境
仙湖植物园　盆栽于人工补光恒温房。
桂林植物园　盆栽于人工补光低温室。
昆明植物园　栽植于温室内岩石上。

迁地栽培形态特征
多年生草本。

🟣茎 无。

🟣叶 15~40枚，均基生，内方的具短柄或无柄；叶片纸质，椭圆状菱形，长1.6~3.8cm，宽

0.7~2.4cm，顶端微尖，基部宽楔形，稀圆形，上面密被两种柔毛，下面密被短柔毛，侧脉每侧3~5条；叶柄长达7cm，密被柔毛。

🌸 花 花序1~5条，每花序有1花；花序梗长3.5~7.5cm，被开展短柔毛；苞片狭线形，长2~3mm，密被柔毛。花萼5裂达基部，裂片线状三角形，长3~3.2mm，宽0.8mm，顶端尖，外面被柔毛，内面无毛。花冠紫色，外面被短柔毛，内面无毛；筒长2.5~3.5mm。

🍎 果 未见。

濒危等级（Status）
　　无危（LC）

引种信息
　　仙湖植物园　自昆明植物园（QZJ-0986）引种成苗。生长良好。
　　桂林植物园　自广西隆林（P975）引种成苗。生长良好。
　　昆明植物园　2002年自云南石林引种，2017年自云南麻栗坡引种。生长良好。

物候
　　仙湖植物园　花期10~11月。
　　桂林植物园　花期10月。
　　昆明植物园　花期11~12月。

迁地栽培要点
　　较喜凉爽环境，强烈阳光会造成叶片灼伤。采用分株繁殖。

主要用途
　　室内观赏，微型盆景制作。

植株　花侧面　花正面

82 扁圆石蝴蝶

Petrocosmea oblata Craib in Not. Bot. Gard. Edinb. 11: 270. 1919.

自然分布
云南北部和四川西南部；生于石灰岩上，海拔2200~3300m。

迁地栽培环境
昆明植物园　温室内盆栽。

迁地栽培形态特征
多年生矮小草本。

茎　根状茎长7~10mm，粗6~11mm。

叶　6~12枚，具长柄；叶片扁圆形，长0.8~2.3cm，宽0.9~3.2cm，顶端圆形，基部浅心形，边缘不明显浅波状，两面有稀疏的贴伏短柔毛，侧脉每侧约2条，不明显；叶柄长0.7~4cm，被短柔毛或变无毛。

花　花序3~8条；花序梗长3.5~8.5cm，被短柔毛，常带紫色；苞片小，互生，线形，长约1.5mm。花萼钟状，5裂达基部，裂片狭披针形，长约3mm，宽约1mm，顶端微钝，边缘有短睫毛。花冠蓝色，无毛，裂片边缘疏被短睫毛；筒长约2.5mm。

果　未见。

濒危等级（Status）
濒危（EN）

引种信息
昆明植物园　2015年引种自云南永胜（15CS11338）。

物候
昆明植物园　花期5~6月。

迁地栽培要点
盆栽在疏松透气的腐殖土基质中，喜阴喜湿。

主要用途
用于盆栽观赏。

开花植株

叶正面及背面　　花背面　　花正面

花侧面　　花解剖

205

83 黄斑石蝴蝶

Petrocosmea xanthomaculata G. Q. Gou & X. Yu Wang in Bull. Bot. Res., Harbin 30(4): 394. 2010.

开花植株

自然分布

贵州沿河和重庆彭水；生于石灰岩洞口石壁，海拔约760m。

迁地栽培环境

桂林植物园 栽于展示温室拟原生境吸水石上。

迁地栽培形态特征

多年生小草本。

茎 具根状茎，长4~8mm。

叶 叶基生，叶片草质，宽卵形、长圆状卵形或圆卵形，长1.2~4.2cm，宽0.7~3.3cm，顶端钝或圆形，边缘有波状浅齿，叶面密被柔毛，灰绿色，背面有较密的长柔毛，紫红色；叶柄细，长0.9~3.5cm，被白色长柔毛。

花 花序2~5条，花序梗长3.2~7.3cm，每花序有1花；苞片狭披针形。花萼5裂达基部，裂片披针状条形，长约3mm，宽约1mm。花冠白色，两面被短柔毛，在裂片之间具明显圆形黄色斑纹，筒长约2.3cm。

果 未见。

濒危等级（Status）

易危（VU）

引种信息

桂林植物园 自重庆（P891）引种成苗。生长良好。

物候

桂林植物园 花期9~10月。

迁地栽培要点

对夏季高温敏感，更适应于冷凉日温及较大的昼夜温差；对栽培土壤中钙离子和镁离子有较高要求；要求较高的荫蔽度。采用种子或叶插繁殖。

主要用途

盆栽观赏；裸露石山林下绿化及园林绿化中林下植物配置。

植株

花正面

84 兴义石蝴蝶

Petrocosmea xingyiensis Y. G. Wei & F. Wen in Novon 19(2): 261, fig. 1. 2009.

自然分布
贵州兴义；生于石灰岩峡谷石壁上，海拔930~1000m。

迁地栽培环境
仙湖植物园　盆栽于人工补光恒温房。
桂林植物园　栽于展示温室拟原生境吸水石上。
贵州省植物园　栽于展示温室拟原生境吸水石上。

迁地栽培形态特征
多年生草本。

茎　根状茎长6~9mm，粗5~8mm。

叶　6~12枚，具长柄；叶片狭卵形，长0.8~2.3cm，宽0.4~2.2cm，顶端圆形，基部浅心形，两面有稀疏的贴伏短柔毛或变无毛，侧脉每侧约2条，不明显；叶柄长0.7~4cm，被短柔毛。

花　花序3~8条；花序梗长3.5~8.5cm；苞片小，互生，线形，长约1.5mm。花萼钟状，5裂达基部，长约3mm，宽约1mm。花冠蓝色，筒长约2.5mm。

果　未见。

濒危等级（Status）
濒危（EN）

引种信息
仙湖植物园　自贵州（QZJ-1337）引种成苗。生长良好。
桂林植物园　自贵州兴义引种成苗。生长良好。
贵州省植物园　2016年自桂林植物园引种成苗。

物候
仙湖植物园　花期6~8月。
桂林植物园　花期9~10月。
贵州省植物园　花期10月。

迁地栽培要点
本种极耐旱，亦不怕长期潮湿，但是怕强光和高温，夏天宜移入低温室。采用种子或叶插繁殖。

主要用途

室内盆栽观赏。

开花植株

植株

叶正面及背面

花序

花解剖

85
砚山石蝴蝶

Petrocosmea yanshanensis Z. J. Qiu & Y. Z. Wan in J. Syst. Evol. 49(5): 460.

自然分布

产云南砚山；生于石灰岩山谷林下岩缝，海拔1500～1600m。

迁地栽培环境

仙湖植物园　盆栽于人工补光恒温房。

迁地栽培形态特征

多年生草本。

茎　根状茎粗短。

叶　叶8～20枚，基生，外方叶具长柄；叶片草质，椭圆形、菱形或倒卵形，顶端钝，基部楔形、圆形或楔形，边缘近全缘或有不明显浅波状小齿，两面密被白色长柔毛，侧脉每侧3～4条；叶柄被开展白色长柔毛。

花　花序2～10，每花序具1花；花序梗长3.6～7.5cm，被短柔毛，花序梗与花梗被开展柔毛和短腺毛；在中部之上有2苞片，宽披针形，其中一个较大，另一个较小，被白色柔毛。花萼5裂达基部，裂片披针形，顶端急尖，外面被短柔毛，内面无毛。花冠紫蓝色，外面疏被短柔毛和腺毛，内面无毛，筒长约1.2cm。

果　未见。

濒危等级（Status）

易危（VU）

引种信息

仙湖植物园　自云南砚山引种成苗。生长良好。

物候

仙湖植物园　花期10～11月。

迁地栽培要点

较喜凉爽环境，强烈阳光会造成叶片灼伤。采用分株繁殖。

主要用途

室内观赏。

开花植株

花正面

花解剖

报春苣苔属

Primulina Hance, in Journ. Bot. 21: 169. 1883

多年生草本，无地上茎，根状茎常短而粗壮，部分种根状茎多年生长后木质化，可长达数十厘米。叶基生成莲座状，或簇生于根状茎的顶部，对生，三叶轮生或多叶簇生于根状茎顶部；叶具柄或无柄；叶为单叶，偶为羽状复叶，不分裂，稀羽状分裂。假二歧状聚伞花序腋生，花序梗长或短，每花序具少数至多数花，偶为单花；苞片2，对生，偶具3枚，分生。花萼5裂至基部，裂片狭三角形至狭卵圆形，边缘全缘，有时具齿；花冠颜色丰富，蓝、紫、黄、白、粉红等，花冠基本为左右对称，稀几近辐射对称，花型多样，有高脚碟状、筒状漏斗形、筒状、细筒状、粗筒状、碗状、钟型等；檐部二唇形，比筒部短，上唇2裂，下唇3裂。可育雄蕊2，内含或稍伸出，花丝狭线形，中部至基部常膝状弯曲，少数种稍弯曲，也有不弯曲者；花药常粘连，偶见分离，被髯毛或无毛；退化雄蕊3，常有1枚退化至几不可见。花盘环状，全缘或具齿，偶1~2裂，无毛。雌蕊无柄；子房无柄，线形，卵状至长卵球形，1室，具2侧膜胎座；柱头通常仅下方1片发育，不分裂（马蹄形）、2浅裂至深裂，上方一片退化至近无，偶有残存极短的片状物。蒴果线形、卵球形、长卵球形，室背开裂成2瓣，或沿脊线开裂，果瓣直，不扭曲。种子小，椭圆形，无附属物。

目前本属已知有210余种，并且近年来新种还在不断发表。本属的分布中心为我国广西，华南、华东、华中、西南各地常见，台湾未见本属分布，最北分布到甘肃陇南，最南则可达越南中部（钟冠报春苣苔）。越南为目前已知除我国之外唯一一个有报春苣苔属植物分布的国家

86 白萼报春苣苔

Primulina albicalyx B. Pan & Li H. Yang in Willdenowia 47: 312. 2017.

自然分布

广西特有，产都安；生于石灰岩山地林中，海拔约650m。

迁地栽培环境

桂林植物园 盆栽于展示温室内。

迁地栽培形态特征

多年生草本。

茎 根茎近圆柱状。

叶 6~10枚，全基生；叶片卵形到宽卵形，基部楔形到宽楔形，长4.5~9.6cm，宽3.8~5.5cm，边缘不明显具圆齿，顶端钝到稍急尖；侧脉每边3条，背面明显，正面不明显。

花 聚伞花序2~5，腋生，6~14花；花序梗浓密贴伏短柔毛；苞片2，对生，绿色，卵形到狭卵形，背面被浓密贴伏短柔毛，正面疏生短柔毛，边缘全缘，顶端锐尖。花梗密被短柔毛。花萼5裂到近基部；裂片白色，披针形，背面密集腺体短柔毛，正面疏生短柔毛，花冠淡黄色，檐部里面具数条棕黄色条纹，筒长约2.7cm。

果 未见。

濒危等级（Status）

极危（CR）

引种信息

桂林植物园 自广西都安（PB20160815）引种成苗。生长良好。

物候

桂林植物园 花期7~8月。

迁地栽培要点

适应性较强，对光照、水分的要求不高，较喜荫蔽环境。采用叶片扦插繁殖。

主要用途

适合裸露石山林下绿化及园林绿化中林下植物配置。

中国迁地栽培植物志·苦苣苔科·报春苣苔属

开花植株　　花序　　花侧面　　花解剖

87
淡黄报春苣苔

Primulina alutacea F. Wen, B. Pan & B. M. Wang in Edinburgh J. Bot. 73: 30. 2016.

自然分布
特产于广东英德；生于石灰岩山坡林下石壁上，海拔100～300m。

迁地栽培环境
桂林植物园 盆栽于展示温室内，栽于阴棚模拟原生境岩石上。

迁地栽培形态特征
多年生草本。
🈶 具根状茎。长2.3cm，粗约1.1cm。
🈶 基生，叶片肉质，椭圆形或卵形，顶端钝，边缘有浅齿，两面被短柔毛；叶柄扁。
🈶 花序有2～4花；苞片卵形或椭圆形。花冠淡黄色。
🈶 未见。

濒危等级（Status）
极危（CR）

引种信息
桂林植物园 自广东英德（P477）引种成苗。生长良好。

物候
桂林植物园 花期7月。

迁地栽培要点
适应性较强，对光照、水分的要求不高，较喜荫蔽环境。根状茎发达，蔓生现象十分突出，栽培须提供足够空间以利于其地下部分顺利扩张。在保证充足水分供应前提下，对光照不是十分敏感，强烈阳光会造成叶片灼伤。肥水过于充足会造成植株疯长。采用匍匐茎无性扦插繁殖，偶可用种子繁殖。

主要用途
适合裸露石山林下绿化及园林绿化中林下植物配置。

栽培植株

野外植株

花侧面

花正面

88 异序报春苣苔

Primulina anisocymosa F. Wen, Xin Hong & Z. J. Qiu in PeerJ 7(e6157): 6. 2019.

开花植株

自然分布

广东阳春和高州；生于石灰岩林下石壁或岩洞石壁，海拔210m。

迁地栽培环境

桂林植物园 盆栽于保育大棚内，栽培于展示温室岩石上。

迁地栽培形态特征

多年生草本。

🌱 茎 根状茎圆柱形。

🍃 叶 叶片5~9枚，基生；叶片干时纸质，椭圆形或长椭圆形，顶端锐尖至钝，基部楔形到宽楔形，边缘具浅锯齿,两面被短柔毛,侧脉每侧3~6条,比较明显;叶柄扁,密被短柔毛。

花 聚伞花序腋生,2~4条,1~3回分枝,每花序有4~12花;花序梗密被开展短柔毛;苞片2,倒披针形,具短柔毛。花萼5裂达基部,狭披针形,边缘全缘,外面被短柔毛,内面被微柔毛。花冠深紫色,外面疏被短柔毛;筒漏斗状筒形。

果 未见。

濒危等级(Status)
极危(CR)

引种信息
桂林植物园 自广东阳春(P1101)引种成苗。生长良好。

物候
桂林植物园 花期9月。

迁地栽培要点
适应性较强,对光照、水分的要求不高,较喜荫蔽环境,强烈阳光会造成叶片灼伤。采用叶片扦插繁殖。

主要用途
花色艳丽适合观赏。

花侧面　花正面　花序

89 银叶报春苣苔

Primulina argentea Xin Hong, F. Wen & S. B. Zhou in Willdenowia 44(3): 378. 2014.

自然分布
广东连南；生于石灰岩岩洞石壁，海拔320m。

迁地栽培环境
桂林植物园 盆栽于保育大棚内。

迁地栽培形态特征
多年生草本。
茎 根状茎块状。
叶 均基生；叶片纸质，长椭圆形，顶端微尖，基部渐尖，边缘近全缘，叶面密被银色短柔毛并散生少数长柔毛，背面被灰白色短柔毛，侧脉每侧约3条，不明显。
花 聚伞花序腋生，约2条，1回分枝，每花序有1～3花；花序梗密被短柔毛；苞片2，对生，线形，密被短柔毛。花萼5裂达基部，披针状线形，边缘全缘，外面被短柔毛，内面无毛。花冠白色，外面密被短柔毛，内面具2条紫纹。
果 未见。

濒危等级（Status）
极危（CR）

引种信息
桂林植物园 自广东连南（PB20181214）引种成苗。生长良好。

物候
桂林植物园 花期9～10月。

迁地栽培要点
适应性较强，对光照、水分的要求不高，较喜荫蔽环境，强烈阳光会造成叶片灼伤。采用叶片扦插繁殖。

主要用途
花色艳丽，叶面银白，适合观赏。

开花植株

叶正面　花侧面　花正面

花解剖

90
百寿报春苣苔

Primulina baishouensis (Y. G. Wei, H. Q. Wen & S. H. Zhong) Yin Z.Wang in J. Syst. Evol. 49: 60. 2011.

自然分布
广西永福、临桂；生于石灰岩崖壁，海拔150~300m。

迁地栽培环境
仙湖植物园　盆栽于展示温室内。
桂林植物园　盆栽于展示温室内，温室大棚内，栽于阴棚模拟原生境岩石上。
贵州省植物园　栽于阴棚模拟原生境岩石上。

迁地栽培形态特征
多年生草本。

茎　根状茎长2.5~4.1cm，粗1.2cm。

叶　基生，叶片纸质，椭圆形或卵状椭圆形，顶端急尖，基部楔形或稍急尖，下延，边缘全缘，稀两边有3~4枚不明显的小钝齿。

花　聚伞花序8~15条或更多；腋生，近伞状，每花序具1~4花；苞片2~3枚，常对生。花萼5裂近基部，花冠淡紫色，内面具紫色斑纹和4条紫色条纹；筒狭漏斗状；雄蕊2枚，退化雄蕊2枚。柱头2裂。

果　未见。

濒危等级（Status）
（VU）

引种信息
仙湖植物园　自广西（QZJ-0587）引种成苗。生长良好。
桂林植物园　自广西临桂（P077）引种成苗。生长良好。
上海植物园　自仙湖植物园（2017-4-0007）引种成苗。
贵州省植物园　2016年自桂林植物园引种成苗。

物候
仙湖植物园　花期4月。
桂林植物园　花期4月。
上海植物园　花期1~3月。
贵州省植物园　花期4月。

迁地栽培要点
本种适应性较强，栽培较容易，对光照要求较高，需要比较明亮的散射光，但忌阳光直射。对基质要求不严，忌积水。采用无性扦插繁殖。

主要用途

适合裸露石山林下绿化及园林绿化中林下植物配置。

盆栽植株 | 开花植株 | 群植效果 | 植株 | 花

91
北流报春苣苔

Primulina beiliuensis B. Pan & S. X. Huang in Guihaia 33(5): 594. 2013.

自然分布
特产于广西北流；生于石灰岩山体的潮湿钙化表面上和苔藓丛或岩石缝隙中，海拔约175m。

迁地栽培环境
　　桂林植物园　栽于展示温室拟原生境吸水石上。

迁地栽培形态特征
　　多年生草本。
　　茎　根状茎长2.1～3.5cm，粗约1.3cm。
　　叶　基生，肉质，叶片4～8枚，宽卵形至近心形，顶端微尖，边缘有浅齿或波状浅齿，两面被柔毛。
　　花　花序有2～4花；苞片卵形或狭卵形，背面有紫色柔毛。花冠淡紫色。
　　果　未见。

濒危等级（Status）
　　极危（CR）

引种信息
　　桂林植物园　自广西北流（P816）引种成苗。生长良好。

物候
　　桂林植物园　花期6月。

迁地栽培要点
　　适应性较强，对光照、水分的要求不高，较喜荫蔽环境。根状茎发达，蔓生现象十分突出，栽培须提供足够空间以利于其地下部分顺利扩张。在保证充分水分供应前提下，对光照不是十分敏感，强烈阳光会造成叶片灼伤。肥水过于充足会造成植株疯长。采用匍匐茎无性扦插繁殖，偶可用种子繁殖。

主要用途
　　适合裸露石山林下绿化及园林绿化中林下植物配置。

盆栽植株

地栽植株　　花

92
羽裂小花苣苔

Primulina bipinnatifida (W. T. Wang) Yin Z. Wang & J. M. Li in J. Syst. Evol. 49: 60. 2011.

开花植株

自然分布

广西临桂、灵川、阳朔、平乐、荔浦、苍梧；生于石山阴处石上，或者洞口阴处石壁上，海拔100~300m。

迁地栽培环境

仙湖植物园　盆栽于玻璃房内。
桂林植物园　盆栽于展示温室内。
上海植物园　大棚盆栽。

迁地栽培形态特征

多年生小草本。

茎 无。

叶 约10枚，均基生，具长柄；叶片草质，菱形，长4~6cm，宽2~4cm，顶端微钝，基部宽楔形，两面被疏柔毛，羽状深裂，狭卵形，顶端钝；叶柄长2~6.5cm，宽2mm。

花 聚伞花序约6条，2回分枝，每花序有5~7花；花序梗长7~8cm，被白色疏柔毛；苞片对生，披针形，长约4.5mm，宽1.5mm，被疏柔毛；花梗长4~10mm，被白色柔毛。花萼长约5mm，5裂达基部。花冠白色，长约10.5mm，筒粗筒状，长约7mm。

果 未见。

濒危等级（Status）

无危（LC）

引种信息

仙湖植物园 自广西（QZJ-1283）引种成苗。生长良好。
上海植物园 苦苣苔爱好者提供（2016-4-0478）。生长良好。
桂林植物园 自广西临桂（P379）引种成苗。生长良好。

物候

仙湖植物园 花期4~6月。
桂林植物园 花期5~6月。
上海植物园 花期7~9月。

迁地栽培要点

对高温抵抗性较差，较喜荫蔽环境，强烈阳光会造成叶片灼伤。采用种子繁殖。

主要用途

室内观赏。

花序

花正面

93
博白报春苣苔

Primulina bobaiensis Q. K. Li, B. Pan & Qiang Zhang in Guihaia 35(2): 148. 2015.

自然分布
特产于广西博白；生于丹霞地貌岩石上，海拔100~200m。

迁地栽培环境
  仙湖植物园 栽植于玻璃房内。
  桂林植物园 栽于展示温室拟原生境吸水石上。

迁地栽培形态特征
  多年生草本。
  茎 根状茎长1.2~3.1cm，宽1.5cm。
  叶 叶基生，4~12枚，叶片草质，椭圆形或卵形，顶端急尖或圆钝，长4.5~12.4cm，宽3.5~5.1cm，边缘有浅齿，两面被柔毛；叶柄扁，长1.1cm。侧脉每侧约4条。
  花 花序2~4条，1~3分枝，花序梗11.5cm，每花序有5~12花；苞片2，倒披针形，长7mm，宽4mm，两面被柔毛。花冠深紫色，筒漏斗状，筒长约1.3cm。
  果 未见。

濒危等级（Status）
  极危（CR）

引种信息
  仙湖植物园 自华南植物园（QZJ-1592）引种成苗。生长良好。
  桂林植物园 自广西博白(P529)引种成苗。生长良好。

物候
  仙湖植物园 花期6~8月。
  桂林植物园 花期9~10月。

迁地栽培要点
  适应性较强，对光照、水分的要求不高，较喜荫蔽环境。根状茎发达，蔓生现象十分突出，栽培须提供足够空间以利于其地下部分顺利扩张。在保证充分水分供应前提下，对光照不是十分敏感，强烈阳光会造成叶片灼伤。肥水过于充足会造成植株疯长。采用匍匐茎无性扦插繁殖，偶可用种子繁殖。

主要用途
  适合裸露石山林下绿化及园林绿化中林下植物配置。

94
泡叶报春苣苔

Primulina bullata S. N. Lu & F. Wen in Guihaia 33(1): 45. 2013.

自然分布
广西特有，产于靖西；生于石灰岩洞口带石壁上或石灰岩山坡林下潮湿石壁上，海拔500～600m。

迁地栽培环境
仙湖植物园 栽于展示温室拟原生境吸水石上。
桂林植物园 盆栽于展示温室内、温室大棚内。

迁地栽培形态特征
多年生草本，叶莲座状着生。

（茎）根状茎长1.2～3.1cm，宽1.5cm。
（叶）叶片斜宽卵形，宽椭圆形到长圆状卵形，两面均具直立柔毛，叶面呈显著泡状。
（花）聚伞花序腋生，2～9条，1～2回分枝，具较多花序，花序梗纤细，苞片对生，线形或线状披针形。花冠粉紫色，外面被紫红色的糙毛，檐部明显二唇形，雄蕊2，退化雄蕊3，不等大。柱头倒梯形，顶端2裂。
（果）未见。

濒危等级（Status）
极危（CR）

引种信息
深圳市仙湖植物园 自广西（QZJ-1140）引种成苗。生长良好。
桂林植物园 自广西靖西（PB2017051206）引种成苗。生长良好。

物候
深圳市仙湖植物园 花期10月。
桂林植物园 花期10～11月。

迁地栽培要点
适应性较强，对光照、水分的要求不高，较喜荫蔽环境，强烈阳光会造成叶片灼伤。采用叶片扦插繁殖。

主要用途
适合裸露石山林下绿化及园林绿化中林下植物配置。

中国迁地栽培植物志·苦苣苔科·报春苣苔属

野外植株

栽培植株

花正面

花序

230

95 囊筒报春苣苔

Primulina carinata Y. G. Wei, F. Wen & H. Z. Lü in Novon 23(3): 381. 2014.

野外植株

自然分布

广西特有，产南宁武鸣；生于石灰岩山石壁缝。

迁地栽培环境

仙湖植物园　栽培于玻璃房内。
桂林植物园　栽培于保育区墙垣上。

迁地栽培形态特征

多年生草本。

🌱 根状茎不明显。

🍃 基生，具短柄；叶片肉质，椭圆形或圆心形，两侧不相等，顶端微尖，基部斜，边缘全缘，两面疏被短柔毛，侧脉3~5条；叶柄扁平，近无毛。

🌸 花序2~4条，每花序3~5花；花序梗被短柔毛；苞片2，椭圆形，全缘。花萼5裂近基部，裂片披针状线形，外面被短柔毛。花冠蓝紫色或白色，外面被短柔毛，内面具两条黄纹；筒长约2.2cm。

🍎 蒴果线形，长5~7cm。

濒危等级（Status）
极危（CR）

引种信息
仙湖植物园 引种信息缺失。
桂林植物园 自广西武鸣（PB20190512）引种成苗。生长良好。

物候
仙湖植物园 花期8~9月；果期10~11月。
桂林植物园 花期7~8月；果期8~10月。

迁地栽培要点
适应性较强，对光照、水分的要求不高，较喜荫蔽环境。采用叶片扦插繁殖。

主要用途
制作微型盆景。

开花植株

花序

花、幼果

96 心叶报春苣苔

Primulina cordata Mich. Möller & A. Weber in Taxon 60(3): 781. 2011.

自然分布
广西阳朔；生于石灰岩阴湿处，海拔约200m。

迁地栽培环境
仙湖植物园 盆栽于玻璃房内。
桂林植物园 栽于展示温室拟原生境吸水石上。

迁地栽培形态特征
多年生草本。
茎 根状茎长3.5~4cm，粗6~10mm。
叶 约5枚，均基生，具长柄；叶片草质，心形，长和宽均2~6.8cm，顶端急尖，边缘有波状浅齿，两面被短柔毛，侧脉每侧约3条；叶柄长3~17.5cm，被短柔毛。
花 花序有1花；花序梗长约3.5cm，与花梗被白色长柔毛；苞片对生，线状披针形，长6~9mm，宽1~1.2mm，外面被短柔毛及腺毛；花梗长约10mm。花萼长约13mm，5裂至基部，外面被短柔毛及腺毛，内面被短伏毛。花冠粉红色，长4~4.5cm，外面被短柔毛，内面在下部及檐部被短柔毛；筒细漏斗状，长约2.8cm，口部粗约1.1cm。
果 未见。

濒危等级（Status）
极危（CR）

引种信息
深圳市仙湖植物园 自北京植物园（QZJ-0440）引种成苗。生长良好。
桂林植物园 自广西阳朔引种成苗。生长良好。

物候
仙湖植物园 花期6~7月。
桂林植物园 花期7~8月。

迁地栽培要点
本种容易栽培，但强光照会造成叶片灼伤。喜湿润，但积水会倒伏并死亡，干旱胁迫对植株影响极大。采用种子繁殖。

主要用途

适合裸露石山林下绿化及园林绿化中林下植物配置。

97 心叶小花苣苔

Primulina cordifolia (D. Fang & W. T. Wang) Yin Z. Wang in J. Syst. Evol. 49(1): 61. 2011.

盆栽植株

自然分布
广西柳江、柳州、柳城、来宾、融安；生于石灰岩山陡崖上，海拔约200m。

迁地栽培环境
桂林植物园 栽于展示温室拟原生境吸水石上。
上海植物园 大棚盆栽。

迁地栽培形态特征
多年生草本。

茎 根状茎近垂直，圆柱形，长约5cm，粗约1.4cm。

叶 约7枚，均基生，具长柄；叶片草质，心状卵形或心形，长4~8.5cm，宽3~9cm，顶端微尖，两面稍密被短柔毛，基出脉5~7条，侧脉每侧2~3条；叶柄扁，长5.5~16.5cm，宽3~6mm，密被短柔毛。

花 聚伞花序约4条，高约8cm，直径4.5~7cm，2~3回分枝，每花序有8~18花；花序梗长约

5cm；苞片对生，线形，长2~3mm，被短柔毛；花梗纤细，长0.4~1.8cm。花萼钟状，5裂达近基部，内面无毛。花冠白色，长约1.4cm，外面及内面下部疏被短柔毛，内面在雄蕊之上有2纵条被短毛；筒近筒状，长约2.1cm，口部直径约7mm。

果 未见。

濒危等级（Status）
易危（VU）

引种信息
桂林植物园 自广西柳江引种成苗。生长良好。
上海植物园 自仙湖植物园（2017-4-0330）引种成苗。生长良好。

物候
桂林植物园 花期4月。
上海植物园 花期5~7月。

迁地栽培要点
适应性较强，抗性强；性喜干湿交替的栽培条件，但对干燥和长期湿润有较强的抗性和适应性；对土质要求较严格，需要保证钙镁型疏松土壤，严禁积水。采用叶插和种子繁殖。

主要用途
适合裸露石山林下绿化及园林绿化中林下植物配置。

98
弯花报春苣苔

Primulina curvituba B. Pan, L. H. Yang & M. Kang in Nordic Journal of Botany 35: 578. 2017.

自然分布
广西特有，产于环江；生于石灰岩石山阴湿石壁上，海拔260m。

迁地栽培环境
桂林植物园　盆栽于展示温室内，栽培于展示温室假山石上。

迁地栽培形态特征
多年生草本。

茎　根状茎圆柱形。

叶　叶基生，4~8枚；叶片肉质，狭卵形或狭椭圆形，全缘，两面密被腺状短柔毛，侧脉每侧3~4条。

花　花序1~4条，1~2回分枝，有1~2花；花序梗被腺状柔毛；苞片2，对生，线状披针形。花冠紫色，外面有腺毛；雄蕊着生于花冠筒中部之上，花丝狭线形，有短腺毛，花药背面有毛；雌蕊被腺毛，柱头舌状，顶端微凹。

果　未见。

濒危等级（Status）
极危（CR）

引种信息
桂林植物园　自广西环江（PB20160909）引种成苗。生长一般。

物候
桂林植物园　花期7~8月。

迁地栽培要点
适应性较弱，对光照、水分的要求不高，较喜荫蔽环境，强烈阳光会造成叶片灼伤。采用叶片扦插繁殖。

主要用途
微型盆景制作。

开花植株

花侧面

花正面

99 东莞报春苣苔

Primulina dongguanica F. Wen, Y. G. Wei & R. Q. Luo in Candollea 69: 10. 2014.

开花植株

自然分布

广东特有，产东莞、惠州；生于花岗岩山地林中石上，海拔约250m。

迁地栽培环境

  桂林植物园 栽培于室外假山石下。

迁地栽培形态特征

  多年生草本。

  茎 根茎近圆柱状。

  叶 叶6~10枚，均基生，具柄，两面无毛；叶片卵形到宽卵形，稍新鲜时肉质，干燥时厚纸质。正面扁平，浓密贴伏短柔毛，基部楔形到宽楔形，边缘具不明显圆齿，顶端钝到稍急尖；侧脉每边4，背面明显，正面不明显。
- 🅕 花冠紫色，具2条棕黄色的条纹，外面被浓密腺短柔毛，内疏生腺状短柔毛；花冠筒近管状。
- 🅖 未见。

濒危等级（Status）

极危（CR）

引种信息

桂林植物园 自广东东莞引种成苗。生长良好。

物候

桂林植物园 花期7~8月。

迁地栽培要点

适应性较强，对光照、水分的要求不高，较喜荫蔽环境。采用叶片扦插繁殖。

主要用途

适合裸露石山林下绿化及园林绿化中林下植物配置。

100 中华报春苣苔

Primulina dryas (Dunn) Mich. Möller & A. Weber in Taxon 60: 782. 2011.

自然分布
香港及广东深圳，生于非石灰岩山地林中石上或土上；海拔150~540m。

迁地栽培环境
　　昆明植物园　　温室内栽培于岩石上。
　　桂林植物园　　温室内栽培于岩石上。
　　上海植物园　　大棚盆栽。

迁地栽培形态特征
多年生草本。

🌿 茎　根状茎较粗。

🍃 叶　均基生；叶片草质，椭圆伏卵形，长5~10cm，宽3.5~4.8cm，顶端钝，边缘波状，两面被伏柔毛，侧脉约4对；叶柄扁，长4~8cm，宽3~5mm。

🌸 花　花序2~5条，每花序有2~5花；花序梗长约14cm；苞片对生，卵形，长1~3cm，宽0.4~1.6cm；花梗长1~1.5cm，被密柔毛及腺毛。花萼长4~5mm。花冠白色或带淡紫色，筒长1.8~2.5cm。

🍎 果　未见。

濒危等级（Status）
　　无危（LC）

引种信息
　　昆明植物园　　2016年自广西（CL201）引种成苗，生长良好。
　　桂林植物园　　2012年自广东阳春（P732）引种成苗，生长良好。
　　上海植物园　　自仙湖植物园（2017-4-0006）引种成苗。

物候
　　昆明植物园　　花期8~9月。
　　桂林植物园　　花期8~9月。
　　上海植物园　　花期8~10月。

迁地栽培要点
使用腐殖土栽培，表面加盖苔藓保湿。叶片扦插繁殖。

中国迁地栽培植物志·苦苣苔科·报春苣苔属

主要用途

用于岩石点缀观赏。

开花植株

花正面　　花序

101
牛耳朵

Primulina eburnea (Hance) Yin Z. Wang in J. Syst. Evol. 49: 61. 2011.

自然分布
广东、广西、贵州、湖北、湖南及四川等地；生于石灰岩、板岩或页岩山地林中石上或沟边岩壁，海拔100～1800m。

迁地栽培环境
仙湖植物园　栽于阴棚模拟原生境岩石上。
昆明植物园　栽于阴棚模拟原生境岩石上。
桂林植物园　盆栽于大棚内，栽于模拟原生境岩石上。
上海植物园　大棚盆栽。
贵州省植物园　栽于阴棚模拟原生境岩石上。

迁地栽培形态特征
多年生草本。

茎　粗根状。

叶　均基生，肉质；叶片卵形，长3.5～17cm，宽2～9.5cm，边缘全缘，两面均被贴伏的短柔毛，侧脉约4对；叶柄扁，长1～8cm，宽达1cm，密被短柔毛。

花　聚伞花序2～6条，不分枝或一回分枝，每花序有2～15花；花序梗长6～30cm，被短柔毛；苞片2，对生，卵形，长1～4.5cm，宽0.8～2.8cm，密被短柔毛；花梗长达2.3cm，密被短柔毛及短腺毛。花萼长0.9～1cm，5裂达基部，外面被短柔毛及腺毛，内面被疏柔毛。花冠紫色或淡紫色，有时白色，喉部黄色，长3～4.5cm，两面疏被短柔毛；筒长2～3cm。

果　蒴果长4～6cm，直径约2mm，被短柔毛。

濒危等级（Status）
无危（LC）

引种信息
仙湖植物园　自广西引种成苗。生长良好。
昆明植物园　1998年引种自云南师宗。
桂林植物园　自广西平乐（P0042）引种成苗。生长良好。
上海植物园　引种信息缺失。
贵州省植物园　2017年自贵州独山引种成苗。

物候
仙湖植物园　花期4～6月。

昆明植物园　花期3～4月。
桂林植物园　花期4～6月；果期6～7月。
贵州省植物园　花期5月；果期7月。
上海植物园　花期4～6月；果期6～7月。

迁地栽培要点

广布种，分布区域广，适应性较强。粗壮的根状茎可贮藏大量水分和养料，耐干旱、抗高温、喜光照、耐贫瘠。栽培基质应疏松透气，忌积水，pH≥7，肥水过于充足会造成植株疯长。采用叶片扦插繁殖，亦可用种子繁殖。

主要用途

民间全草供药用，有清肺止咳等功效。适合裸露石山林下绿化及园林绿化中林下植物配置。

102 凤山报春苣苔

Primulina fengshanensis F. Wen & Yue Wang in Ann. Bot. Fenn. 49: 103. 2012.

自然分布
特产广西凤山；生于石灰岩岩洞石上，海拔200~600m。

迁地栽培环境
桂林植物园　盆栽于保育大棚。

迁地栽培形态特征
多年生草本。
🌿**茎**　根状茎不明显至显著，变化较大。
🌿**叶**　叶基生，叶片稍肉质，披针状线形，两面被贴伏的紫色长柔毛，边缘全缘，侧脉每边2~4条。
🌿**花**　聚伞花序腋生，1~2回分枝，3~8花，苞片对生，披针形，被贴伏的紫色长柔毛。花萼5裂达近基部，裂片线状披针形。花冠淡紫色，檐部明显二唇形，上唇2裂达基部，下唇3裂过中下部。雄蕊2，花丝紫色，基部之上强烈膝状弯曲，退化雄蕊3，不等大。雌蕊被腺状微柔毛和微柔毛，柱头心形，顶端2裂。
🌿**果**　未见。

濒危等级（Status）
极危（CR）

引种信息
桂林植物园　自广西凤山（PB2018071202）引种成苗。生长良好。

物候
桂林植物园　花期8月。

迁地栽培要点
适应性较强，对光照、水分的要求不高，较喜荫蔽环境，强烈阳光会造成叶片灼伤。采用叶片扦插繁殖。

主要用途
适合裸露石山林下绿化，微型盆景制作。

103 蚂蝗七

Primulina fimbrisepala (Hand.-Mazz.) Yin Z. Wang var. *fimbrisepala* in J. Syst. Evol. 49: 61. 2011.

地栽植株

盆栽植株

自然分布
广西、广东、贵州、湖南、江西和福建；生于山地林中石上或石崖上，或山谷溪边，海拔400~1000m。

迁地栽培环境
深圳市仙湖植物园 盆栽于展示温室内。
桂林植物园 盆栽于展示温室内，栽于阴棚模拟原生境岩石上。
昆明植物园 盆栽于温室内。
上海植物园 大棚盆栽。
贵州省植物园 盆栽于展示温室内。

迁地栽培形态特征
多年生草本。
茎 粗根状。
叶 均基生；叶片草质，宽卵形，长4~10cm，宽3.5~11cm，侧脉3~4条；叶柄长2~8.5cm，有疏柔毛。
花 聚伞花序2~5条，有3~7花；花序梗长6~28cm，被柔毛；苞片狭卵形，长5~11mm，宽1~7mm，被柔毛；花梗长0.5~3.8cm，被柔毛。花萼长7~11mm，5裂至基部，宽1.5~3mm，边缘上部有小齿，被柔毛。花冠淡紫色或紫色，长4.2~6.4cm，在内面上唇紫斑处有2纵条毛；筒细漏斗状，长3.5~5.8cm。
果 未见。

濒危等级（Status）
无危（LC）

引种信息
仙湖植物园　自广西（QZJ-0593）引种成苗。生长良好。
桂林植物园　自广西资源（P077）引种成苗。生长良好。
昆明植物园　2017年自广东惠州（17HT0874)引种成苗。生长良好。
上海植物园　苦苣苔爱好者提供（2016-4-0446）。
贵州省植物园　2017年自贵州榕江月亮山引种成苗。

物候
深圳市仙湖植物园　花期4月。
桂林植物园　花期4月。
昆明植物园　花期3~4月。
上海植物园　花期2~4月。
贵州省植物园　花期4月。

迁地栽培要点
栽培基质需疏松透气，忌积水，在弱酸性至弱碱性的基质均可生长良好。对光照不是十分敏感，喜稍弱的散射光，强烈阳光会造成叶片灼伤。肥水过于充足会造成植株疯长。采用叶片进行无性扦插繁殖，亦可用种子繁殖。

主要用途
根状茎可供药用，治小儿疳积、胃痛、跌打损伤。花朵美丽，适应性强，可用于石山林下荫蔽处的绿化及园林绿化中林下植物配置。

野外植株　花序　花正面

104 黄斑报春苣苔

Primulina flavimaculata (W. T. Wang) Mich. Möller & A. Weber in Taxon 60(3): 782. 2011.

开花植株

自然分布

分布于海南和广西南部；生于山地林中石上，海拔400～700m。

迁地栽培环境

  昆明植物园 盆栽于展示温室内。
  仙湖植物园 盆栽于展示温室内。
  桂林植物园 盆栽于展示温室内；栽于阴棚模拟原生境；地栽于林下。

迁地栽培形态特征

  多年生草本。

茎 根状茎长，分枝，圆柱形，粗达2.2cm。

叶 约7枚，对生根状茎顶端；叶片纸质，长圆状卵形，长8~26cm，宽4.5~14cm，顶端微尖，基部宽楔形，稍下延成叶柄的翅，边缘有不明浅齿，两面被短柔毛，侧脉每侧4~6条；叶柄扁，长2.5~9cm，宽0.9~3cm。

花 花序腋生，直径7~12cm，2~4回分枝，有7~28花；花序梗长20~30cm，被短柔毛；苞片对生，船状狭三角形，长10~14mm，宽3~4mm，被柔毛；花梗长1.2~3cm，被腺毛。花萼红紫色，长约1.2cm，裂达或近基部，裂片披针状线形，宽约2mm。花冠蓝紫色，在上唇之下有1椭圆形黄斑，外面被短腺毛，内面在黄斑上密被短腺毛；筒长约2.4cm。

果 未见。

濒危等级（Status）

极危（CR）

引种信息

深圳市仙湖植物园 自广西（QZJ-0592）引种成苗。生长良好。

昆明植物园 2017年引种自广西。

桂林植物园 2003年自广西弄岗（P089）引种成苗。生长良好。

物候

深圳市仙湖植物园 花期6月。

昆明植物园 花期5~6月。

桂林植物园 花期6月。

迁地栽培要点

适应性较强，对光照、水分的要求不高，较喜荫蔽环境，强烈阳光会造成叶片灼伤。采用叶片扦插繁殖。

主要用途

适合裸露石山林下绿化及园林绿化中林下植物配置。

开花植株

花序

105 多花报春苣苔

Primulina floribunda (W. T. Wang) Mich. Möller & A. Weber in Taxon 60: 782. 2011.

自然分布

广西灵山；生于山谷阴湿土坡林下石上。

迁地栽培环境

桂林植物园　栽于展示温室拟原生境吸水石上。

迁地栽培形态特征

多年生草本。

🌱 根状茎粗约2.4cm。

🍃 约7枚，均基生；叶片纸质，狭椭圆形，长8.5~14cm，宽3.8~7cm，顶端微钝，两面稍密被贴伏短柔毛，侧脉每侧6~7条；叶柄扁，长1.2~5.2cm，宽5~10mm。

🌸 花序约5条，长3~8.5cm，2~3回分枝，每花序有8~15花；花序梗长10~12cm，密被开展短腺毛；苞片对生，披针状线形，长6~8mm，被短柔毛；花梗长1.5~2cm，密被短腺毛。花萼5裂达基部，裂片披针状狭线形，长约4.8mm，宽0.6~0.9mm，外面被短柔内毛，内面上部被疏柔毛。花冠紫色，长约2.1cm，外面有疏柔毛，内面在上唇之下有短柔毛；筒漏斗状筒形，长1.2cm。

🍎 未见。

濒危等级（Status）

极危（CR）

引种信息

桂林植物园　自广西灵山（PB20180721）引种成苗。生长良好。

物候

桂林植物园　花期7月。

迁地栽培要点

适应性较强，对光照、水分的要求不高，较喜荫蔽环境。根状茎发达，栽培须提供足够空间以利于其地下部分顺利扩张。在保证充分水分供应前提下，对光照不是十分敏感，强烈阳光会造成叶片灼伤。肥水过于充足会造成植株疯长。采用匍匐茎扦插繁殖，偶可用种子繁殖。

主要用途

适合裸露石山林下绿化及园林绿化中林下植物配置。

野外植株　花正面　花侧面　花萼及雌蕊

106 巨叶报春苣苔

Primulina gigantea F. Wen, B. Pan & W. H. Luo in Fennici 53: 426. 2016.

开花植株

自然分布

广西灌阳；生于石灰岩石壁、石灰岩洞口，海拔200～300m。

迁地栽培环境

桂林植物园　盆栽于展示温室内，种植于展示温室假山石上。

迁地栽培形态特征

多年生草本。

🌿**茎** 具粗壮根状茎。

🍃**叶** 叶片均基生，具长柄。叶片肉质，卵形或圆卵形，边缘全缘或具圆齿，两面均被贴伏的短柔毛，侧脉每侧4~9条。

🌸**花** 聚伞花序2~6条，每花序2~8花，1~2回分枝，花序梗，密被短柔毛，花梗密被短柔毛；苞片2枚对生，大，卵形或宽卵形，边缘全缘，两面密被短柔毛。花萼5裂达基部，裂片狭披针形。花冠蓝紫色，外面被短柔毛，内面疏被短柔毛，上唇2深裂，下唇3深裂。

🍎**果** 未见。

濒危等级（Status）

极危（CR）

引种信息

桂林植物园 自广西灌阳（PB20160429）引种成苗。生长良好。

物候

桂林植物园 花期7月。

迁地栽培环境

适应性较强，对光照、水分的要求不高，较喜荫蔽环境，强烈阳光会造成叶片灼伤。采用叶片扦插繁殖。

主要用途

园林绿化中林下植物配置，微型盆景制作。

花正面

花序

107 恭城报春苣苔

Primulina gongchengensis Y. S. Huang & Yan Liu in Ann. Bot. Fennici 49: 108. 2012.

盆栽植株

自然分布

广西特有，产于恭城；生于石灰岩山坡林下石壁上，海拔100～200m。

迁地栽培环境

  仙湖植物园 盆栽于展示温室内。
  桂林植物园 盆栽于展示温室内、温室大棚内。
  上海植物园 大棚盆栽。

迁地栽培形态特征

  多年生草本。

  茎 根状茎不明显。

  叶 叶基生，叶片草质，菱状卵形到椭圆形，两面密被腺状短柔毛，边缘波状到锯齿状，侧脉2～3条。

  花 聚伞花序腋生，1～3回分枝，10～20花，花序梗连同苞片和花萼密被腺状短柔毛。苞片2，线形。花萼5裂达基部，线状披针形。花冠紫红色，外面被腺毛，花冠筒细筒状，檐部明显二唇形，上唇2裂，下唇3裂。雄蕊2，退化雄蕊3，不等大。雌蕊密被腺状短柔毛，柱头倒梯形，2裂。

果 未见。

濒危等级（Status）
极危（CR）

引种信息
仙湖植物园　自广西恭城（QZJ-1281）引种成苗。生长良好。
桂林植物园　自广西恭城（PB2018050405）引种成苗。生长良好。
上海植物园　苦苣苔爱好者提供（2016-4-0420）。生长良好。

物候
仙湖植物园　花期7月。
桂林植物园　花期7月。
上海植物园　花期8~10月。

迁地栽培要点
适应性较强，对光照、水分的要求不高，较喜荫蔽环境。采用叶片扦插繁殖。

主要用途
适合裸露石山林下绿化及园林绿化中林下植物配置。

108 桂林报春苣苔

Primulina gueilinensis (W. T. Wang) Yin Z. Wang & Yan Liu J. Syst. Evol. 49: 61. 2011.

自然分布
广西东北部和东部；生于石灰岩山林下或石壁上，海拔100～800m。

迁地栽培环境
桂林植物园　盆栽于展示温室内、温室大棚内；室外石山。
上海植物园　大棚盆栽。

迁地栽培形态特征
多年生草本。

茎　根状茎不明显。

叶　基生。4～8枚，叶片狭椭圆形或菱状椭圆形，长4.3～11.2cm，宽3.8～4.3cm，边缘具浅钝齿，侧脉3～6条。

花　花序1～4条，花序梗长约11.3cm，每花序有1～5花。苞片2，长约1.1cm，宽约0.5cm；花萼5裂达基部。花冠紫色，檐部明显二唇形，上唇2裂，下唇3裂，筒长约2.3cm。

果　未见。

濒危等级（Status）
无危（LC）

引种信息
桂林植物园　自广西桂林（P077）引种成苗。生长良好。
上海植物园　苦苣苔爱好者提供（2016-4-0422）。生长良好。

物候
桂林植物园　花期5月。
上海植物园　花期4～5月。

迁地栽培要点
适应性较强，对光照、水分的要求不高，较喜荫蔽环境。采用叶片扦插繁殖。

主要用途
适合裸露石山林下绿化及园林绿化中林下植物配置。

109 贵港报春苣苔

Primulina guigangensis L. Wu & Qiang Zhang in Phytotaxa 38: 19. 2011.

野外植株

自然分布

广西特有，产于贵港；生于石灰岩山坡潮湿石壁上，海拔100~150m。

迁地栽培环境

桂林植物园　盆栽于展示温室内。

迁地栽培形态特征

多年生草本。

茎　具根状茎，圆柱形。

叶　6~10枚，莲座状基生。叶片阔卵形、近圆形或圆形，两侧稍不对称，两面被长柔毛，侧脉每边2~3条。

花　聚伞花序腋生，1~4花，苞片2，狭披针形，外面被柔毛。花萼5裂达基部，狭披针形或线形。花冠蓝色到蓝紫色，外面被短柔毛，檐部明显二唇形，上唇2裂过中部，下唇3裂过中部。筒长约2.5cm。

果 未见。

濒危等级（Status）
易危（VU）

引种信息
桂林植物园 自广西贵港（PB20160515）引种成苗。生长良好。

物候
桂林植物园 花期8月。

迁地栽培要点
适应性较强，对光照、水分的要求不高，较喜荫蔽环境，强烈阳光会造成叶片灼伤。采用叶片扦插繁殖。

主要用途
适合裸露石山林下绿化及园林绿化中林下植物配置。

110 桂海报春苣苔

Primulina guihaiensis (Y. G. Wei, B. Pan & W. X. Tang) Mich. Möller & A. Weber in Taxon 60: 782. 2011.

开花植株

自然分布

广西桂林、临桂、灵川；生于石灰岩石山山脚石上，海拔150～1800m。

迁地栽培环境

仙湖植物园　盆栽于玻璃房内。
桂林植物园　栽于展示温室拟原生境吸水石上。
上海植物园　大棚盆栽。

迁地栽培形态特征

多年生草本。

茎　具根状茎，圆柱形。
叶　基生，叶片心形至卵形、宽椭圆形至宽椭圆状卵形，长7～11cm，宽5～8.5cm，顶端钝尖，边缘有重锯齿；叶柄扁，长7～9cm。
花　聚伞花序2～6条，1～3回分枝，每花序有花5～10朵；花序梗长8～12cm；苞片2枚；花梗长5～10mm。花萼5裂。花冠深紫色，长3.2～4cm。
果　未见。

濒危等级（Status）

濒危（EN）

引种信息

仙湖植物园　自桂林植物园（QZJ-0250)引种成苗。
桂林植物园　自广西桂林（P149）引种成苗。生长良好。
上海植物园　苦苣苔爱好者提供（2016-4-0421）。

物候

仙湖植物园　花期3～4月。
桂林植物园　花期5～6月。
上海植物园　花期4～5月。

迁地栽培要点

较容易，对强光的耐受性差。采用种子或叶插繁殖。

主要用途

适合裸露石山林下绿化及园林绿化中林下植物配置。

花正面

花解剖

111 桂中报春苣苔

Primulina guizhongensis Bo Zhao, B. Pan & F. Wen in Phytotaxa 109: 32. 2013.

自然分布

广西特有，产于柳江、柳州、柳城；生于石灰岩洞口潮湿石壁上或山坡林下石壁，海拔100～200m。

迁地栽培环境

仙湖植物园 盆栽于展示温室内。
桂林植物园 盆栽于展示温室内。
上海植物园 大棚盆栽。

迁地栽培形态特征

多年生草本。

茎 根状茎不明显。

叶 基生，4～12枚，叶片纸质，卵形到长圆状卵形，长4.7～12.5cm，宽2.7～3.8cm，两面被贴伏的短柔毛，边缘全缘，侧脉3～4条。

花 聚伞花序腋生，2～4花，花序梗纤细。苞片2，线状披针形。花萼5裂达基部，线状披针形。花冠蓝紫色，檐部明显二唇形，上唇2裂，下唇3裂。筒长约3.6cm。

果 未见。

濒危等级（Status）

易危（VU）

引种信息

深圳市仙湖植物园 自北京植物园（QZJ-0452）引种成苗。生长良好。
桂林植物园 自广西柳江（P203）引种成苗。生长良好。
上海植物园 自仙湖植物园（2017-4-0034）引种成苗。生长良好。

物候

深圳市仙湖植物园 花期8～9月。
桂林植物园 花期8～9月。
上海植物园 花期9～10月。

迁地栽培要点

适应性较强，对光照、水分的要求不高，较喜荫蔽环境。采用叶片扦插繁殖。

主要用途

适合裸露石山林下绿化及园林绿化中林下植物配置。

开花植株

花侧面

花序

112 肥牛草

Primulina hedyotidea (Chun) Yin Z. Wang in J. Syst. Evol. 49: 61. 2011.

自然分布
广西宁明、龙州；生于石灰岩山阴处石上或陡崖上，海拔约160m。

迁地栽培环境
仙湖植物园　盆栽于展示温室内，栽于阴棚模拟原生境岩石上。
昆明植物园　栽于阴棚模拟原生境岩石上。
桂林植物园　栽于阴棚模拟原生境岩石上。

迁地栽培形态特征
多年生草本。
茎　长根状茎。
叶　均基生，具柄；叶片肉质，长圆状披针形，长6.5～10cm，宽0.9～2.4cm，常镰状弯曲，边缘全缘，两面密被短伏毛，侧脉每侧3～4条；叶柄扁，长达2cm，宽3～6mm。
花　花序2～3条，3～4回分枝，每花序4～7花；花序梗长13～18cm；苞片对生，狭椭圆形，长3～4mm，被柔毛。花萼宽钟状，长约1.5mm，外面被极短柔毛，5裂至中部。花冠紫色，近高脚碟状，长12～14mm，外面被短柔毛；筒细筒状，长约7mm，口部粗约4mm。
果　未见。

濒危等级（Status）
易危（VU）

引种信息
深圳市仙湖植物园　自北京植物园（QZJ-0897）引种成苗。生长良好。
昆明植物园　2017年引种自广西。
桂林植物园　自广西龙州（P132）引种成苗。生长良好。

物候
仙湖植物园　花期10月。
昆明植物园　花期6～7月。
桂林植物园　花期9～10月。

迁地栽培要点
适应性较强，对光照、水分的要求不高，较喜荫蔽环境，强烈阳光会造成叶片灼伤。采用叶片扦插繁殖。

主要用途

适合裸露石山林下绿化及园林绿化中林下植物配置。

113 衡山报春苣苔

Primulina hengshanensis L. H. Liu & K. M. Liu in Phytotaxa 333: 293. 2018.

开花植株

自然分布

湖南衡山，广东仁化；生于山地林山脚阴湿处，海拔450~900m。

迁地栽培环境

　　桂林植物园　盆栽于遮阳大棚。

迁地栽培形态特征

多年生草本。

🟣**茎**　长根状茎，长3.2cm，粗1.6cm。

🟣**叶**　基生，约6枚，叶片肉质，长椭圆形，顶端钝或圆形，基部宽楔形，长4.6~8.7cm，宽3.5~5.6cm，边缘全缘；叶柄扁平。侧脉3~6条。

🌸 聚伞花序3～5条，花序梗7.5cm，每花序4～10花；苞片2，狭三角形。花萼5裂达基部。花冠紫色，外面被短柔毛，筒长3.7cm。

🍎 未见。

濒危等级（Status）
濒危（EN）

引种信息
桂林植物园 自广东仁化（PB20181212）引种成苗。生长良好。

物候
桂林植物园 花期6月。

迁地栽培要点
适应性较强，对光照、水分要求不高，基质疏松透气，通风开阔，喜阴喜湿。

主要用途
用于栽培观赏。

花正面　花侧面　苞片　花序

114 异色报春苣苔

Primulina heterochroa F. Wen & B. D. Lai in Willdenowia 45: 46. 2015.

植株

自然分布
广西凭祥、龙州；生于石灰岩林下石壁，海拔310m。

迁地栽培环境
　仙湖植物园　盆栽于玻璃房内。
　桂林植物园　盆栽于保育大棚内。

迁地栽培形态特征
　多年生草本。

🌿 根状茎圆柱形。

🍃 约9枚，均基生；叶片干时纸质，狭椭圆形，顶端急尖，基部楔形，边缘有浅波状钝齿，上密被贴生疏柔毛，背面密被短柔毛，侧脉每侧约5条，不明显；叶柄扁，密被贴生短柔毛。

🌸 聚伞花序腋生，约2条，1~2回分枝，每花序有2~4花；花序梗密被开展短柔毛；苞片2，对生，线状三角形，具短柔毛。花萼5裂达基部，狭三角状线形，边缘全缘，外面被短柔毛，内面无毛。花冠紫红色，外面疏被贴生短柔毛；筒漏斗状筒形，筒长3.1cm。

🍑 未见。

濒危等级（Status）

极危（CR）

引种信息

仙湖植物园 自广西（QZJ-1670）引种成苗。生长良好。

桂林植物园 自广西凭祥（PB20180327）引种成苗。生长良好。

物候

仙湖植物园 花期6~8月。

桂林植物园 花期8月。

迁地栽培要点

适应性较强，对光照、水分的要求不高，较喜荫蔽环境，强烈阳光会造成叶片灼伤。采用叶片扦插繁殖。易感染线虫病。

主要用途

花色艳丽适合观赏。

花侧面

花序

115 烟叶报春苣苔

Primulina heterotricha (Merr.) Yin Z. Wang in J. Syst. Evol. 49: 61. 2011.

开花植株

自然分布

海南保亭、三亚、白沙；生于山谷林中或溪边石上，海拔400~600m。

迁地栽培环境

仙湖植物园 盆栽于玻璃房内，地栽于模拟原生境阴棚。
桂林植物园 栽于展示温室拟原生境吸水石上。

迁地栽培形态特征

多年生草本。

🟣**茎** 根状茎粗约1.5cm，被柔毛。

🟣**叶** 对生或簇生；叶片草质，长椭圆形，长3~23cm，宽1.5~12cm，顶端微尖，下延成柄，边缘有不明显小齿，两面被疏柔毛，中脉宽达3mm，侧脉每侧5~7条；叶柄长0.5~10cm，扁，被柔毛。

🟣**花** 花序腋生，2~3回分枝，有2~15花；花序梗长4.4~17cm，被柔毛和腺毛；苞片对生，狭三角形，长0.3~2cm，宽0.5~6mm，被柔毛；花梗长1.5~2cm。花萼长8~12mm，5裂至基部，宽0.5~1.2mm，外面疏被短柔毛和短腺毛。花冠淡紫色或白色，长3~4cm，外面疏被短柔毛；筒细漏斗状，长约2.4cm，口部直径0.8~1.2cm。

🟣**果** 未见。

濒危等级（Status）

易危（VU）

引种信息

仙湖植物园 自广西（QZJ-0642）引种成苗。生长良好。
桂林植物园 自海南引种成苗。生长良好。

物候

仙湖植物园 花期4~6月。
桂林植物园 花期6月。

迁地栽培要点

喜大水大肥，但谨防"烧根"。空气湿度足够大、光照适当则叶片紧密厚实、富有光泽，若光照过强叶色发黄也易焦边，但更易成花。忌积水。采用种子或叶插繁殖。

主要用途

适合裸露石山林下绿化及园林绿化中林下植物配置。

花侧面

花序

116 河池报春苣苔

Primulina hochiensis (Chang Chun Huang & X. X. Chen) Mich. Möller & A.Weber var. *hochiensis* in Taxon 60(3): 782. 2011.

开花植株

自然分布

广西特有，产于河池；生于石灰岩石山石壁上，海拔600m。

迁地栽培环境

　　仙湖植物园　　盆栽于展示温室内。
　　桂林植物园　　盆栽于展示温室内，地栽于阴棚模拟原生境。
　　上海植物园　　大棚盆栽。

迁地栽培形态特征

　　多年生草本。

　🌱 根状茎圆柱形。

　🍃 叶基生6~12；叶片厚纸质，狭卵形或狭椭圆形，长2.4~6.1cm，宽2.1~3.8cm，全缘，两面密被短柔毛，侧脉每侧3~4条。

　🌸 花序1~5条，花序梗长6.5cm，有1~4花；花序梗被腺状柔毛；苞片2，对生，线状披针形。花冠紫色，外面有腺毛；筒长约1.8cm。

　🍒 果　未见。

濒危等级（Status）

无危（LC）

引种信息

仙湖植物园 自广西（个人采集号QZJ-1308）引种成苗。生长良好。
桂林植物园 自广西河池（P088）引种成苗。生长良好。
上海植物园 引种信息缺失。

物候

仙湖植物园 花期9～10月。
桂林植物园 花期8～9月。
上海植物园 花期10～11月。

迁地栽培要点

适应性较强，对光照、水分的要求不高，较喜荫蔽环境，强烈阳光会造成叶片灼伤。采用叶片扦插繁殖。

主要用途

适合裸露石山林下绿化及园林绿化中林下植物配置。

植株　　花侧面　　花序

117 湖南报春苣苔

Primulina hunanensis K. M. Liu & X. Z. Cai in Nordic J. Bot. 33: 576. 2015.

开花植株　植株　野外植株

自然分布

湖南江华；生于岩石下阴湿处，海拔200m。

迁地栽培环境

桂林植物园　盆栽于展示温室内，栽培于假山石上。

迁地栽培形态特征

多年生草本。

🌱 具长根状茎，长3.5cm。粗约1.3cm。

叶 约5枚，均基生，具长柄；叶片草质，心形或心状卵形，两侧稍不对称，顶端急尖，基部心形或浅心形，边缘有波状浅齿，两面被短柔毛，侧脉每侧约3条；叶柄被短柔毛。

花 花序有1花；花序梗与花梗被白色长柔毛；苞片对生，线状披针形，外面被短柔毛及腺毛。花萼5裂至基部，裂片线状披针形，外面被短柔毛及腺毛，内面被短伏毛。花冠粉红色，外面被短柔毛，内面在下部及檐部被短柔毛；筒细漏斗状，筒长3.6cm。

果 未见。

濒危等级（Status）

极危（CR）

引种信息

桂林植物园 自湖南江华（PB20190503）引种成苗。生长良好。

物候

桂林植物园 花期8月。

迁地栽培要点

适应性较强，对光照、水分的要求不高，较喜荫蔽环境，强烈阳光会造成叶片灼伤。采用叶片扦插繁殖。

主要用途

适合裸露石山林下绿化及园林绿化中林下植物配置。

118
靖西小花苣苔

Primulina jingxiensis (Yan Liu, W. B. Xu & H. S. Gao) W. B. Xu & K. F. Chung in Phytotaxa 64: 3. 2012.

开花植株

自然分布

广西靖西、那坡；生于石灰岩林下、岩洞石壁，海拔400m。

迁地栽培环境

　　桂林植物园　盆栽于温室大棚。
　　上海植物园　大棚盆栽。

迁地栽培形态特征

　　多年生草本。

　　茎　根状茎直，长0.5~2cm。

　　叶　5~25枚，均基生，具柄；叶片肉质，干时纸质，椭圆形或宽椭圆形到近圆形，长1.5~4cm，宽 0.8~1.5cm，顶端钝至圆形，基部宽楔形或楔形，边缘全缘，上面疏被贴伏毛，侧脉不明显；叶柄长 0.5~7cm，被短伏毛。

🌸 **花** 聚伞花序 5~10，腋生，1~3 回分枝，具 5~25 花；花序梗长 4~8cm，被短柔毛；苞片 2，对生，披针形，4~9mm，边缘全缘，被短柔毛；花梗长 10~20mm，被腺毛。花萼 5 深裂到基部，裂片披针形，0.8~3mm，先端锐尖，外面被腺毛，内疏生微柔毛，边缘全缘；花冠略带紫色，长 10~14mm，外面具腺柔毛，内无毛；花冠筒长 8~9mm，口部直径约 5mm。

🍒 **果** 未见。

濒危等级（Status）

濒危（CR）

引种信息

桂林植物园 自广西靖西（P493）引种成苗。生长一般。

上海植物园 苦苣苔爱好者提供。生长良好。

物候

桂林植物园 花期 8~9 月。

上海植物园 花期 4~6 月。

迁地栽培要点

对高温抗性较差，较喜荫蔽环境，适合栽培于岩石缝中。采用种子繁殖，偶用叶片扦插繁殖。

主要用途

适合裸露石山林下绿化及园林绿化中林下植物配置。

花序

花正面

119 癞叶报春苣苔

Primulina leprosa (Yan Liu & W. B. Xu) W. B. Xu & K. F. Chung in Phytotaxa 64: 4. 2012.

开花植株

自然分布

广西特有，产马山；生于石灰岩山石壁。

迁地栽培环境

  桂林植物园 盆栽于展示温室内。
  上海植物园 大棚盆栽。

迁地栽培形态特征

  多年生草本。

茎 根状茎圆柱形，粗约1.1cm。

叶 基生，4~6枚，具短柄；叶片肉质，椭圆形或长椭圆形，长4.1~9.2cm，宽2.6~5.1cm，两侧不相等，顶端微尖，基部斜，狭侧楔形或宽楔形，宽侧宽楔形或圆形，边缘波状，两面疏被紫色短柔毛，叶面癣状凸起，侧脉3~5条；叶柄扁平，近无毛。

花 花序2~4条，每花序2~4花；花序梗被短柔毛；苞片2，椭圆形，全缘。花萼5裂近基部，裂片披针状线形，外面被短柔毛。花冠黄白色，外面被短柔毛，内面具两条红纹，筒长约3.1cm。

果 未见。

濒危等级（Status）

极危（CR）

引种信息

桂林植物园 自广西马山（PB157）引种成苗。生长较差。

上海植物园 苦苣苔爱好者提供（2016-4-0431）。生长较好。

物候

桂林植物园 花期8月。

上海植物园 花期9~10月。

迁地栽培要点

栽培条件较高，对光照、水分要求严格，较喜荫蔽环境。采用种子繁殖，偶用叶片扦插。

主要用途

盆栽观赏。

花侧面

花正面

花序

120 荔波报春苣苔

Primulina liboensis (W. T. Wang & D. Y. Chen) Mich. Möller & A.Weber in Taxon 60(3): 783. 2011.

自然分布

贵州荔波、广西（河池、南丹、环江、天峨等地）；生于石灰岩石山林下石壁上，海拔300～500m。

迁地栽培环境

  仙湖植物园 盆栽于展示温室内，栽于阴棚模拟原生境岩石上。
  昆明植物园 盆栽于展示温室内。
  桂林植物园 盆栽于展示温室内。
  上海植物园 大棚盆栽。
  贵州省植物园 盆栽于展示温室内。

茎 根状茎短。

叶 约7枚，基生，具长柄；叶片肉质，两侧多少不相等，椭圆形，长4～11cm，宽2～4.5cm，顶端微尖，边缘浅波状，两面疏被短柔毛，侧脉每侧3～4条，上面白色，两面平；叶柄长1～4.5cm，扁，宽1.5～5mm，被短伏毛。

花 花序约4条，2回分枝，每花序有7～11花；花序梗长14cm，被紫色短柔毛；苞片对生，线状卵形，长1.3～2cm，宽3.5～5mm，被短柔毛；花梗长0.15～1.5cm，被紫色短柔毛。花萼5裂达基部，长7mm，宽1.2～1.5mm，外面被淡紫色短柔毛。花冠蓝紫色，长约2.7cm；筒漏斗状筒形，长约1.7cm，口部直径1.2cm。

果 未见。

濒危等级（Status）

  易危（VU）

引种信息

  仙湖植物园 自贵州引种成苗。生长良好。
  昆明植物园 2018年引种自贵州荔波茂兰；引种号：18HT2078。
  桂林植物园 自广西南丹（P1035）。生长良好。
  上海植物园 苦苣苔爱好者提供（2016-4-0460）
  贵州省植物园 2016年、2017年自贵州茂兰引种成苗。

物候

  仙湖植物园 花期5～6月。
  昆明植物园 花果未见。
  桂林植物园 花期5月。

上海植物园 花期5～6月。
贵州省植物园 花期4月。

迁地栽培要点

适应性较强，对光照、水分的要求不高，较喜荫蔽环境。根状茎发达，叶片宽大肥厚。在保证充分水分供应前提下，对光照不是十分敏感，强烈阳光会造成叶片灼伤。肥水过于充足会造成植株疯长。采用叶片扦插繁殖，偶可用种子繁殖。

主要用途

适合裸露石山林下绿化及园林绿化中林下植物配置。

121
漓江报春苣苔

Primulina lijiangensis (B. Pan & W. B. Xu) W. B. Xu & K. F. Chung in Phytotaxa 64: 4. 2012.

开花植株

自然分布
　　广西特有，产桂林阳朔；生于石灰岩岩洞石壁或林下石壁，海拔230m。

迁地栽培环境
　　桂林植物园　盆栽于展示温室内，仿生种植展示温室假山岩壁。

迁地栽培形态特征
　　多年生草本。
　　🌱 **茎**　根状茎圆柱形。
　　🍃 **叶**　基生，4~12枚，具长柄；叶片纸质，两侧不相等，长圆形，顶端微钝，基部斜楔形，边缘浅波状或全缘，叶面被短柔毛，背面无毛，侧脉每侧3~5条，不明显；叶柄扁，疏被短柔毛。
　　🌸 **花**　花序约5条，每花序有3~15花；花序梗疏被短柔毛；苞片对生，卵形，被短柔毛；花梗被短柔毛。花萼5裂达基部，裂片披针状线形，外面被短柔毛。花冠紫红色，筒长2.5cm。
　　🍇 **果**　未见。

濒危等级（Status）
濒危（EN）

引种信息
桂林植物园　自广西阳朔（PB111）引种成苗。生长良好。

物候
桂林植物园　花期7月。

迁地栽培要点
适应性较强，对光照、水分的要求不高，较喜荫蔽环境，强烈阳光会造成叶片灼伤。采用种子繁殖或者叶片扦插繁殖。

主要用途
适合裸露石山林下绿化及园林绿化中林下植物配置及微型盆景制作。

野外植株　栽培植株　花正面　花序

122 线萼报春苣苔

Primulina linearicalyx F. Wen, B. D. Lai & Y. G. Wei, Phytotaxa 269(1): 42. 2016.

植株

自然分布

特产于广西武鸣两江；生于裸露的石灰岩或砾状沉积岩上，海拔约130m。

迁地栽培环境

　　仙湖植物园　盆栽于玻璃房内。
　　桂林植物园　栽于展示温室拟原生境吸水石上。
　　上海植物园　大棚盆栽。

迁地栽培形态特征

　　多年生草本。

🌱 根状茎圆柱形，长3~10cm，粗约1.1cm。

🍃 12~27枚，密集于根状茎顶端，无柄；革质，线形至狭椭圆形或倒披针形，长3.1~5.6cm，宽1.1~2.1cm，顶端渐狭或急尖，基部渐狭，边缘全缘且后卷。

🌸 花序3~5条，每花序有1~3花。花萼5裂达基部。花冠紫粉红色，花冠上部及喉部有两条黄棕色的短条纹；筒细漏斗状，筒长约2.4cm。

🍎 未见。

濒危等级（Status）

易危（VU）

引种信息

仙湖植物园 自中国科学院华南植物园（QZJ-1605）引种成苗。生长良好。

桂林植物园 自广西武鸣（P1173）引种成苗。生长良好。

上海植物园 苦苣苔爱好者提供（2016-4-0430）。生长良好。

物候

仙湖植物园 花期10~11月。

桂林植物园 花期11月。

上海植物园 花期12月至翌年1月。

迁地栽培要点

适应性较强，保证充足的光照、适当的水分供应（切不可涝）即可。冬季注意防寒保暖，如果温度低于5℃时最好移入室内。采用种子、叶插或茎段扦插繁殖。

主要用途

根状茎民间药用，有清热解毒之效；花冠浅紫色，适合植物盆栽观赏及园林绿化中假山植物配置。

植株　　花侧面　　花正面

123 线叶报春苣苔

Primulina linearifolia (W. T. Wang) Yin Z. Wang in J. Syst. Evol. 49(1): 61. 2011.

开花植株

自然分布

广西南宁、武鸣和隆安；生于石灰岩石山上，海拔100~300m。

迁地栽培环境

昆明植物园　盆栽于大棚内。
桂林植物园　栽于展示温室拟原生境吸水石上。
上海植物园　大棚盆栽。

迁地栽培形态特征

多年生草本。

🌱 根状茎圆柱形，长，粗4~10mm。

🍃 5~6对，密集于根状茎顶端，无柄，革质，线形，常稍镰状，长3~8.3cm，宽4~8mm，两端渐狭，边缘全缘，干时反卷，两面密被贴伏柔毛，中脉上面稍下陷，侧脉不明显。

🌸 花序3~5条，2回分枝，每花序有4~7花；花序梗长5.5~13cm，密被短腺毛和稀疏长柔毛；苞片对生，狭卵形，长4~6mm，宽1.6~2.1mm，背面密被短柔毛；花梗长5~12mm，密被短腺毛。花萼5裂达基部。花冠白色，长约2.4cm，外面被短柔毛，内面下方被疏柔毛；筒细漏斗状，长2.4cm，口部直径7.5mm。

🍎 果 未见。

濒危等级（Status）

无危（LC）

引种信息

昆明植物园 2017年自广西引种。
桂林植物园 自广西隆安（P073）引种成苗。生长良好。
上海植物园 引种信息缺失。

物候

昆明植物园 花期1~3月。
桂林植物园 花期4月。
上海植物园 花期1~3月。

迁地栽培要点

适应性较强，保证充足的光照、适当的水分供应（切不可涝）即可。冬季注意防寒保暖，如果温度低于5℃时最好移入室内。采用种子、叶插或茎段扦插繁殖。

主要用途

根状茎民间药用，有清热解毒之效；花冠浅紫色，适合植物盆栽观赏及园林绿化中假山植物配置。

124
香花报春苣苔

Primulina linglingensis (W. T. Wang) Mich. Möller & A. Weber var. *fragrans* F. Wen, Y. Z. Ge & B. Pan in Telopea 18: 221. 2015.

野外植株

自然分布

广西特有,产于全州;生于石灰岩林下石壁上,海拔169m。

迁地栽培环境

桂林植物园 盆栽于展示温室内，栽培于假山石上。

迁地栽培形态特征

多年生草本。

茎 具根状茎。

叶 5~11枚，均基生；叶片稍肉质，长椭圆形或长圆形，长4.5~11.4cm，宽3.5~5.5cm，叶面密被锈色的糙毛，背面被短柔毛，基部宽楔形或楔形；具长柄，扁平，侧脉3~5条。

花 聚伞花序腋生2~5条，1~2回分枝，2~8花。花萼5裂达基部，裂片线状披针形。花冠淡紫色，花冠筒白色；檐部明显二唇形，淡紫色，上唇2裂，下唇3裂。筒长约2.7cm。

果 未见。

濒危等级（Status）

濒危（EN）

引种信息

桂林植物园 自广西全州（PB20141217）引种成苗。生长良好。

物候

桂林植物园 花期5月。

迁地栽培要点

适应性较强，对光照、水分的要求不高，较喜荫蔽环境，强烈阳光会造成叶片缩卷或灼伤。采用叶片扦插繁殖。

主要用途

适合裸露石山林下绿化。本种是报春苣苔属内目前已知花朵具有明显香气的种类。

栽培植株

花序

125 柳江报春苣苔

Primulina liujiangensis (D. Fang & D. H. Qin) Yan Liu in J. Syst. Evol. 49: 61. 2011.

自然分布
广西特有，产于柳江、柳州；生于石灰山林中。

迁地栽培环境
仙湖植物园　盆栽于展示温室内，温室大棚内。
桂林植物园　盆栽于展示温室内。
上海植物园　大棚盆栽。

迁地栽培形态特征
多年生草本。
茎　具根状茎。
叶　基生，叶片卵形，稀椭圆形，顶端钝，基部圆形、宽楔形或斜宽楔形，边缘具钝齿，两面被柔毛，侧脉每边3~5条。
花　聚伞花序有2~3花；花序梗长约12.4cm，花序梗与花梗均被长柔毛和短腺毛；苞片线形。花冠淡紫红色，筒长约3.6cm。
果　未见。

濒危等级（Status）
无危（LC）

引种信息
仙湖植物园　自广西（QZJ-1487）引种成苗。生长良好。
桂林植物园　自广西来宾（PB2016071003）引种成苗。生长良好。
上海植物园　苦苣苔爱好者提供（2016-4-0440）。

物候
仙湖植物园　花期5月。
桂林植物园　花期5月。
上海植物园　花期7月。

迁地栽培要点
适应性较强，对光照、水分的要求不高，较喜荫蔽环境，强烈阳光会造成叶片灼伤。采用种子和叶片扦插繁殖。

主要用途

根状茎在民间供药用,治咳嗽,跌打损伤。

开花植株(昆明植物园) 野外植株
栽培植株 开花植株(桂林植物园)
花序

126
弄岗报春苣苔

Primulina longgangensis (W. T. Wang) Yan Liu & Yin Z. Wang in J. Syst. Evol. 49: 61. 2011.

开花植株

自然分布
广西龙州、天等、大新、崇左，云南河口；生于石山阴处石缝中或石山林边石上，海拔 250～320m。越南北部可能亦有。

迁地栽培环境
仙湖植物园 栽植于玻璃房内，栽植于模拟原生境阴棚。
桂林植物园 盆栽于展示温室内，栽于阴棚模拟原生境。

迁地栽培形态特征
多年生草本。

茎 根状茎长，圆柱形；分枝顶端被贴伏短柔毛。

叶 密集于根状茎顶端，3~4枚轮生，无柄，长圆状线形，顶端微钝，基部渐狭，边缘全缘，两面密被贴伏短柔毛，侧脉每侧3~6条，叶面平，背面隆起。

花 聚伞花序腋生，直径3~7cm，2~3回分枝；花序梗长3~7.5cm，被开展短柔毛；苞片对生，披针形，长1.2~2cm，宽3~6mm，密被贴伏短柔毛；花梗长0.7~3cm，密被短腺毛。花萼5裂达基部，裂片狭披针状线形，长8mm，宽0.9mm，外面被短柔毛并疏被短腺毛。花冠白色，有紫纹，长约3.4cm，外面无毛，内面在雄蕊之下被短柔毛；筒长约2cm。

果 未见。

濒危等级（Status）
易危（VU）

引种信息
仙湖植物园 自云南河口（QZJ-0958）引种成苗。生长良好。
桂林植物园 自广西龙州（PB20150422）引种成苗。生长良好。

物候
仙湖植物园 花期8~9月。
桂林植物园 花期10~11月。

迁地栽培要点
适应性较强，对光照、水分的要求不高，较喜荫蔽环境，强烈阳光会造成叶片灼伤。采用叶片扦插繁殖或茎扦插繁殖。

主要用途
根状茎在民间供药用，治跌打损伤。全株供药用，有温补养血的功效，为天等生产的成药"桂花膏"的原料之一。适合裸露石山林下绿化及园林绿化中林下植物配置。

植株　花正面　花序

127 龙氏报春苣苔

Primulina longii (Z. Yu Li) Z. Yu Li in J. Syst. Evol. 49(1): 61. 2011.

盆栽植株

自然分布

广西特有，产于融安、永福；生于石灰岩山坡遮阴的潮湿石壁上，海拔200～400m。

迁地栽培环境

仙湖植物园　盆栽于玻璃房内。
桂林植物园　盆栽于展示温室内，仿生种植展示温室假山岩壁。
上海植物园　大棚盆栽。
贵州省植物园　盆栽于展示温室内。

迁地栽培形态特征

多年生草本。

茎 根状茎不明显。

叶 聚生于根状茎顶端。叶片草质，倒披针形，两面被贴伏的白色短柔毛，边缘全缘或波状，侧脉每边约3条。

花 聚伞花序腋生，每花序1花，花序梗密被短柔毛，苞片2（1），线形，两面密被短柔毛。花萼5裂达基部，线形，外面被短柔毛。花冠淡蓝紫色，筒长约3.1cm。

果 未见。

濒危等级（Status）
无危（LC）

引种信息
仙湖植物园 自广西融水（QZJ-1306）引种成苗。生长良好。
桂林植物园 自广西永福（PB201）引种成苗。生长良好。
上海植物园 苦苣苔爱好者提供（2016-4-0441）。
贵州省植物园 2017年自广西永福引种成苗。

物候
仙湖植物园 花期4~6月。
桂林植物园 花期5月。
上海植物园 花期2~4月。
贵州省植物园 花期4月。

迁地栽培要点
适应性较强，对光照、水分的要求不高，较喜荫蔽环境，采用叶片扦插繁殖。

主要用途
园林绿化中林下植物配置。

开花植株

野外植株

128 龙州报春苣苔

Primulina lungzhouensis (W. T. Wang) Mich. Möller & A. Weber in Taxon 60(3): 783. 2011.

自然分布
广西龙州、靖西，云南麻栗坡；越南北部也有分布。生于石灰岩石下，海拔220～1500m。

迁地栽培环境
桂林植物园 盆栽于展示温室内，露天栽培于林下。
昆明植物园 栽植于温室石缝，温室盆栽。

迁地栽培形态特征
多年生草本。

茎 具粗壮根状茎。

叶 约5枚，均基生；叶片草质，椭圆形、宽椭圆形或椭圆状卵形，两侧稍不相等，顶端微尖，基部斜宽楔形或斜圆形，边缘具齿或浅齿，两面疏被短伏毛，侧脉每侧4～5条；叶柄扁。

花 花序1～2条，1回分枝，每花序有5～8花；花序梗被短柔毛；苞片2，对生，大，三角状卵形，顶端急尖，基部近截形，边缘有小齿，两面被短柔毛；花梗密被短腺毛。花萼5裂达基部；裂片披针形，外面密被短柔毛及短腺毛，内面上部被短柔毛。花冠外面被短柔毛及短腺毛，内面上唇及雄蕊之下有短柔毛；筒细漏斗状，筒长约3.6cm。

果 未见。

濒危等级（Status）
易危（VU）

引种信息
桂林植物园 自广西靖西（PB20171227）引种成苗。生长良好。
昆明植物园 2002年引自广西，2017年引自越南，2017年引自云南麻栗坡。

物候
桂林植物园 花期5～6月。
昆明植物园 花期3～5月。

迁地栽培环境
适应性较强，对光照、水分的要求不高，较喜荫蔽环境，强烈阳光会造成叶片灼伤。采用叶片扦插繁殖。

主要用途
园林绿化中林下植物配置，微型盆景制作。

129 黄花牛耳朵

Primulina lutea (Yan Liu & Y. G. Wei) Mich. Möller & A. Weber in Taxon 60(3): 783. 2011.

开花植株

自然分布

广西苍梧、贺州、钟山，广东西部；生于石灰岩洞口潮湿石壁上，海拔100~200m。

迁地栽培环境

  仙湖植物园 盆栽于展示温室内、温室大棚内，栽于室外石山展示区。
  桂林植物园 栽于假山石缝。
  上海植物园 大棚盆栽。
  贵州省植物园 盆栽于展示温室内。

迁地栽培形态特征

  多年生草本。

🟣 茎　具粗根状茎，长约4.3cm，粗约1.8cm。

🟣 叶　叶片均基生，4~10枚，具短或长柄。叶片肉质，卵形或狭卵形，边缘全缘，两面均被贴伏的短柔毛，侧脉每侧4~5条。

🟣 花　聚伞花序1~5条，不分枝，密被贴伏短柔毛，花序梗长25.7cm，每花序具2~15花；苞片2枚，对生，大，卵形或宽卵形，边缘全缘，两面密被短柔毛，外面常有紫色斑块，里面具7~11条明显突出的脉。花萼5裂达基部，裂片狭披针形。花冠黄色，外面被短腺毛和短柔毛，内面疏被短柔毛，上唇2深裂，下唇3深裂。筒长约3.2cm。

🟣 果　蒴果线形，长4~6cm，直径2mm，被短腺毛和短柔毛。

濒危等级（Status）
无危（LC）

引种信息
仙湖植物园　自广西贺州（QZJ-0075）引种成苗。生长良好。
桂林植物园　自广西贺州（P111）引种成苗。生长良好。
上海植物园　苦苣苔爱好者提供（2016-4-0427）。
贵州省植物园　2017年自广西引种成苗。

物候
仙湖植物园　花期7月。
桂林植物园　花期8月。
上海植物园　花期6~7月。
贵州省植物园　花期6月。

迁地栽培要点
适应性较强，喜较强散射光，性喜干燥，较耐旱，土壤pH ≥ 7.0则生长较良好。采用种子和叶片扦插繁殖。

主要用途
花大色艳，适合园林绿化中石山上植物配置。

盆栽植株

花侧面

花、蒴果

130 浅黄报春苣苔

Primulina lutescens B. Pan & H. S. Ma in Nordic J. Bot. 35(6): 687 (2017).

自然分布
广西灵山；生于石灰岩石山林下，海拔140m。

迁地栽培环境
桂林植物园 栽培于展示温室岩石上，盆栽于保育大棚。

迁地栽培形态特征
多年生草本。
🌿 茎 根状茎圆柱形。
🌿 叶 叶均基生，4~8枚，叶片肉质，椭圆形、卵形或宽卵形，长32~76cm，宽27~41cm，基部楔形到圆形，边缘全缘或具浅齿，顶端钝，两面具贴伏短柔毛，侧脉3~5脉；叶柄扁平。
🌿 花 聚伞花序2~5条，1~2回分枝，每花序3~8花，花序梗密被短柔毛；苞片2，对生，宽卵形，外面密被短柔毛，内面被短柔毛，边缘全缘；花梗具腺毛。花梗被微柔毛；花萼5裂到基部，萼片披针形；花冠浅黄色，内有紫色条纹，筒长1.9~2.6cm，外面被短柔毛，内部疏被微柔毛；花冠筒漏斗状。筒长约2.2cm。
🌿 果 未见。

濒危等级（Status）
极危（CR）

引种信息
桂林植物园 自广西灵山（PB20170717）引种成苗。生长良好。

物候
桂林植物园 花期7月。

迁地栽培要点
适应性较好，对温度、水分要求不高，较喜荫蔽环境，栽培基质疏松通气。采用叶片扦插繁殖。

主要用途
适合裸露石山林下绿化及微型盆景制作。

开花植株

花侧面

花正面

花序

131
黄纹报春苣苔

Primulina lutvittata F. Wen & Y. G. Wei in Ann. Bot. Fenn. 50(1-2): 87. 2013.

自然分布
产广东阳春。生于石灰岩岩洞石壁，海拔约200m。

迁地栽培环境
桂林植物园 盆栽于展示温室内。

迁地栽培形态特征
多年生草本。
茎 根状茎近圆柱形。
叶 基生，卵形，稀椭圆形或宽卵形，顶端急尖，基部宽楔形至圆形，顶端钝或微钝，基部宽楔形，边缘近全缘，叶面疏被贴伏毛，侧脉每侧3~5条；叶柄被短柔毛。
花 聚伞花序2~6，花序梗长9.3cm，每花序1~5花；花序梗被短柔毛；苞片2，披针状三角形；花萼5裂达基部，裂片披针形。花冠淡紫色，里面具两条黄纹，外面疏被短柔毛。筒长约3.4cm。
果 未见。

濒危等级（Status）
极危（CR）

引种信息
桂林植物园 自广东阳春（P833）引种成苗。生长良好。

物候
桂林植物园 花期7~8月。

迁地栽培要点
适应性较强，对光照、水分的要求不高，较喜荫蔽环境。采用叶片扦插繁殖。

主要用途
适合裸露石山林下绿化及园林绿化中林下植物配置。

盆栽植株

植株

花

花萼及雌蕊

132 粗齿报春苣苔

Primulina macrodonta (D. Fang & D. H. Qin) Mich. Möller & A. Weber in Taxon 60(3): 783. 2011.

自然分布
特产于广西灵川；生于石灰岩山地，海拔约200m。

迁地栽培环境
桂林植物园　栽于展示温室拟原生境吸水石上。

迁地栽培形态特征
多年生草本。

🌱**茎**　具根状茎，粗约1.3cm。

🍃**叶**　基生，4~6枚，叶片纸质，宽心形、圆心形或心状卵形，长5.1~12.4cm，宽3.2~7.4cm，先端急尖，边缘具齿状重锯齿，稀浅裂，两面被具节长柔毛；叶柄扁。侧面4~6条。

🌸**花**　聚伞花序腋生，1~3回分枝，花序梗长7.8cm，每花序有4~15花；苞片对生，披针形或长圆形。花冠白色或稍带紫色，筒长约2.7cm。

🍎**果**　未见。

濒危等级（Status）
易危（VU）

引种信息
桂林植物园　自广西灵川引种成苗。生长良好。

物候
桂林植物园　花期6~7月。

迁地栽培要点
不能忍受直射强烈光照；尽管性喜阴湿，但对干旱耐受性较强；土壤pH ≥ 7.0则生长发育较良好。对土壤中的肥料需求量较大。采用种子或叶插繁殖。

主要用途
适合裸露石山林下绿化及园林绿化中林下植物配置。

植株　　花正面　　花序

133
大根报春苣苔

Primulina macrorhiza (D. Fang & D. H. Qin) Mich. Möller & A. Weber in Taxon 60(3): 783. 2011.

自然分布

特产于广西武鸣、上林；生于石灰岩山坡林下石壁上，海拔约200m。

迁地栽培环境

仙湖植物园　栽于阴棚模拟原生境岩石上。
昆明植物园　栽培于温室内岩石上。
桂林植物园　盆栽于展示温室内。
上海植物园　大棚盆栽。

迁地栽培形态特征

多年生草本。

🟢 **茎**　根状茎近圆柱形，长1~8cm，粗1~2.5cm。

🟢 **叶**　叶基生，卵形，长2.5~9.5cm，宽1.5~6.5cm，先端急尖，边具疏离的细锯齿，稀浅波状，两面疏被短糙伏毛，侧脉每侧3~5条，叶柄长2.5~7.5cm，宽1~4mm，被具节短柔毛。

🟢 **花**　聚伞花序腋生，2回分枝，每花序具1~6花，花序梗长8~31.5cm，连苞片、花梗和花萼多少被具节短柔毛；苞片对生。花萼长0.6~1.1cm，5裂达基部，裂片披针形，具3脉。花冠除裂片淡紫色外余为白色，长4.5~6cm，外面疏被具节短柔毛，筒长2.5~3cm。

🟢 **果**　未见。

濒危等级（Status）

易危（VU）

引种信息

仙湖植物园　自广西（QZJ-0589）引种成苗。生长良好。
昆明植物园　2016年引种自广西。
桂林植物园　自广西武鸣（P1011）引种成苗。生长良好。
上海植物园　自仙湖植物园（2017-4-0013）引种成苗。生长良好。

物候

仙湖植物园　花期4月。
昆明植物园　花期3~4月。
桂林植物园　花期3~4月。
上海植物园　花期3月。

迁地栽培要点

适应性较好,对基质要求不严,土壤pH≥7.0则生长发育较良好;较耐干旱;在保证水分充足的条件下,直射强光照有利于促进开花。花序易受鼠害和蚜虫危害,采用种子和叶插繁殖。

主要用途

花序梗长而花多,适合园林绿化中林下植物配置。

群植效果　开花植株　开花植株　植株　花解剖

134 花叶牛耳朵

Primulina maculata W. B. Xu & J. Guo in Bot. Stud. (Taipei) 56(34): 4. 2015.

开花植株

自然分布

广东阳春；生于石灰岩石壁上，海拔100～200m。

迁地栽培环境

桂林植物园 盆栽于展示温室内，栽植于展示温室假山石上。

迁地栽培形态特征

多年生草本。

🌿**茎** 具较长根状茎，长约4.6cm，粗约1.8cm。

🍃**叶** 基生，4～10枚，具长柄。叶片肉质，卵形或狭卵形，边缘全缘或具圆齿，两面均被贴伏的短柔毛，侧脉每侧3~5条，叶面具白纹。

🌸 聚伞花序3~6条，每花序4~9花，1~2回分枝，花序梗密被短柔毛，花梗密被短柔毛；苞片2枚对生，大，卵形或宽卵形，边缘全缘，两面密被短柔毛。花萼5裂达基部，裂片狭披针形。花冠浅紫色，外面被短柔毛，内面疏被短柔毛，上唇2深裂，下唇3深裂。筒长约3.4cm。

🍑 未见。

濒危等级（Status）

极危（CR）

引种信息

桂林植物园 自广东阳春（P811）引种成苗。生长良好。

物候

桂林植物园 花期5月。

迁地栽培环境

适应性较强，对光照、水分的要求不高，较喜荫蔽环境，强烈阳光会造成叶片灼伤。采用叶片扦插繁殖。

主要用途

园林绿化中林下植物配置，微型盆景制作。

植株　开花植株　花序

135 药用报春苣苔

Primulina medica (D. Fang ex W. T. Wang) Yin Z. Wang in J. Syst. Evol. 49: 61. 2011.

自然分布

广西平乐；生于石山石缝中或者洞口阴湿处，海拔200～300m。

迁地栽培环境

仙湖植物园 盆栽于展示温室内。

昆明植物园 盆栽于展示温室内。

桂林植物园 盆栽于展示温室内，栽于阴棚模拟原生境岩石上。

上海植物园 大棚盆栽。

贵州省植物园 盆栽于展示温室内。

迁地栽培形态特征

多年生草本。

茎 根状茎。

叶 叶基生，叶片纸质，椭圆形，长3.5～7cm，宽2～3.5cm，基部斜楔形，边缘全缘，上面密被白色短和长柔毛，下面被短茸毛，侧脉每侧约5条；叶柄扁，长0.5～2.5cm，宽5～8mm，密被柔毛。

花 花序3～4条，2回分枝，每花序具3～10花，花序梗长8.5～11cm，被白色长柔毛和短腺毛，苞片对生，披针状线形，长4～7mm，宽1～1.2mm，被长柔毛，花梗长0.3～1.5cm，密被长柔毛及短腺毛。花萼5裂至基部；裂片披针状线形，长3.5～4mm，宽0.8～1mm，外面被短柔毛。花冠白色带粉红色，长1.7～2.1cm，外面疏被短柔毛，筒近筒状，长1.3～1.5cm，口部粗5～6mm。

果 未见。

濒危等级（Status）

无危（LC）

引种信息

仙湖植物园 自桂林植物园（QZJ-0256）引种成苗。生长良好。

昆明植物园 2016年引种自广西。

桂林植物园 2014年自广西平乐（P150）引种成苗。（P150）。生长良好。

上海植物园 苦苣苔爱好者提供（2016-4-0474）。生长良好。

贵州省植物园 2016年自桂林植物园引种成苗；2017年自仙湖植物园引种成苗。

物候

仙湖植物园 花期4～5月。

昆明植物园 花期3～4月。

桂林植物园　花期4月。
贵州省植物园　花期4月。
上海植物园　花期3~4月。

迁地栽培要点

适应性较强，对光照要求稍高，要求明亮散射光，强烈阳光会造成叶片灼伤。在保证充分水肥供应前提下，根状茎发达，叶片比野外的宽大。花枝和根茎易遭鼠类危害。采用叶片无性扦插繁殖，偶可用种子繁殖。

主要用途

传统中医药材，根状茎民间供药用，主治跌打损伤、风湿骨痛。全株适合裸露石山林下绿化及园林绿化中林下植物配置。

开花植株

群植效果　花序

136
微斑报春苣苔

Primulina minutimaculata (D. Fang & W. T. Wang) Yin Z. Wang in J. Syst. Evol. 49(1): 61. 2011.

自然分布

广西龙州、天等、凭祥、宁明，越南也有分布；生于石山林下石上，海拔200~450m。

迁地栽培环境

　　仙湖植物园　　盆栽于玻璃房内，栽植于阴棚模拟原生境岩石上。
　　桂林植物园　　栽于展示温室拟原生境吸水石上。
　　上海植物园　　大棚盆栽。

迁地栽培形态特征

多年生草本。

🌱 **茎**　根状茎长4~7cm，粗1~1.5cm。

🍃 **叶**　叶约10枚，基生或近基生；叶片革质，长椭圆形或狭长圆形，长6~13cm，宽2~5.4cm，先端微钝，边缘全缘，两面疏被短伏毛，下面有密集的紫色小斑点，侧脉每侧约4条，不明显；叶柄扁，长1.5~5cm，宽3~6mm。

🌸 **花**　花序2~5条，每花序约具5花；花序梗在果期长15~28cm，被糙伏毛，苞片对生，卵形，长1.5~2.5cm，宽0.8~1.2cm，两面被短伏毛，花梗长约2.2cm，被开展的腺毛。宿存花萼长约5.5mm，5裂达基部，裂片条状披针形，宽约0.8mm，先端渐狭，外面密被短腺毛，内面无毛。花冠淡紫色，筒长约3.2cm。

🍎 **果**　未见。

濒危等级（Status）

　　易危（VU）

引种信息

　　仙湖植物园　　自华南植物园（QZJ-1605）引种成苗。生长良好。
　　桂林植物园　　自广西龙州（P0221173）引种成苗。生长良好。
　　上海植物园　　苦苣苔爱好者提供（2016-4-0465）。生长正常。

物候

　　仙湖植物园　　花期10~11月。
　　桂林植物园　　花期7~8月。
　　上海植物园　　花期3~4月。

迁地栽培要点

不耐寒，冬季温度低于10℃时应采取防寒措施，喜向阳环境，对水分的要求不高，对土壤要求严格，应疏松透气。

主要用途

适合裸露石山林下绿化及园林绿化中林下植物配置。

野外植株　盆栽植株　开花植株　植株　苞片　花序

137 南丹报春苣苔

Primulina nandanensis (S. X. Huang, Y. G. Wei & W. H. Luo) Mich. Möller & A. Weber in Taxon 60(3): 783. 2011.

开花植株

自然分布
广西南丹和贵州荔波；生于石灰岩山坡遮阴的潮湿石壁上或石灰岩洞穴，海拔300~400m。

迁地栽培环境
桂林植物园 盆栽于展示温室内。
上海植物园 大棚盆栽。

迁地栽培形态特征
多年生草本。

🌿 **茎** 根状茎长2~4cm，粗1~1.5cm。

🌿 **叶** 4~8枚，基生。叶片草质，叶片椭圆形至长圆形，顶端钝或具急尖，基部楔形，边缘具锯齿。

🌸 **花** 聚伞花序8~15条，1~3回分枝，每花序具6~15花；苞片2枚，对生。花萼5裂。花冠浅紫色；筒漏斗状筒形；上唇2裂至中部，下唇3裂到中部，筒长约2.1cm。

🍇 **果** 未见。

濒危等级（Status）
　　无危（LC）

引种信息
　　桂林植物园　自广西南丹（PB20170812）引种成苗。生长良好。
　　上海植物园　苦苣苔爱好者提供（2016-4-0450）。生长良好。

物候
　　桂林植物园　花期5月。
　　上海植物园　花期4月。

迁地栽培要点
　　适应性较强，对光照、水分的要求不高，较喜荫蔽环境，采用种子繁殖，偶用叶片扦插繁殖。

主要用途
　　适合裸露石山林下绿化及园林绿化中林下植物配置。

植株　花　雌蕊

138 条叶报春苣苔

Primulina ophiopogoides (D. Fang & W. T. Wang) Yin Z. Wang in J. Syst. Evol. 49: 62. 2011.

开花植株（淡紫红色）

自然分布

广西特有，产于扶绥；生于石山陡崖石缝中，海拔160～400m。

迁地栽培环境

仙湖植物园　盆栽于展示温室内。
昆明植物园　栽于阴棚模拟原生境。
桂林植物园　盆栽于展示温室内，栽于阴棚模拟原生境。
上海植物园　大棚盆栽。

迁地栽培形态特征

多年生草本。

茎　根状茎粗壮，圆柱状，肉质，长30cm以上，粗达2.5cm，上部分枝，枝长2～20cm，粗0.5～1.5cm，下部节间长2～6cm，疏被短毛，上部节间强烈缩短，疏被短腺毛。

叶 叶多数基生或簇生于根状茎分枝顶端，无柄，肉质，披针状线形，稍镰状弯曲，长4.5~11cm，阴生植株叶常被白色短毛，宽4~8mm，先端微尖，边缘有稀疏刺状小齿，两面无毛，脉不明显。

花 花序腋生，2回分枝，每花序具5~7花；花序梗长约10cm，被短柔毛和短腺毛，苞片对生，狭线形，长0.9~1.4cm，宽0.8~1.6mm，被短柔毛，花梗长2~2.5cm，密被短腺毛。花萼5裂达基部，裂片披针状线形，长4~5mm，宽约0.8mm，外面被短腺毛，内面无毛。花冠淡紫色，长约2cm，外面被极短的柔毛，内面无毛；筒细漏斗状，长约1cm，口部粗约6mm。

果 未见。

濒危等级（Status）

易危（VU）

引种信息

仙湖植物园 自北京植物园（QZJ-0465）引种成苗。生长良好。
昆明植物园 2017年引种自广西。
桂林植物园 广西扶绥（P055）引种成苗。生长良好。
上海植物园 苦苣苔爱好者提供（2016-4-0464）。生长良好。

物候

仙湖植物园 花期4月。
昆明植物园 花期4~5月。
桂林植物园 花期5月。
上海植物园 花期1~2月。

迁地栽培要点

适应性较强，对光照、水分的要求不高，较喜荫蔽环境，强烈阳光会造成叶片灼伤。采用叶片扦插繁殖。

主要用途

根状茎可治风湿骨痛等症；适合裸露石山林下绿化及园林绿化中林下植物配置。

开花植株（紫红色） | 叶正面 | 花正面 | 花序

139
石蝴蝶状报春苣苔

Primulina petrocosmeoides B. Pan & F. Wen in Nord. J. Bot. 32: 844. 2014.

盆栽植株

自然分布

广西特有，产于靖西；生于石灰岩山谷潮湿的石壁上，海拔800～1000m。

迁地栽培环境

仙湖植物园　盆栽于玻璃房内。
桂林植物园　盆栽于展示温室内、温室大棚内。
上海植物园　大棚盆栽。

迁地栽培形态特征

多年生草本。

茎　根状茎不明显。

叶 叶8~22枚，基生莲座状。叶片稍肉质，卵形、阔卵形、阔椭圆形到近圆形，边缘全缘，叶两面密被短柔毛，侧脉每边2~3条，不明显。

花 聚伞花序腋生，2~6花，花序梗密被短柔毛，苞片对生，狭披针形。花萼5裂达基部，裂片披针形。花冠蓝紫色；檐部明显二唇形，淡紫色，上唇2裂过中部，下唇3裂过中部。筒长约2.4cm。

果 未见。

濒危等级（Status）

濒危（EN）

引种信息

仙湖植物园 自广西（QZJ-1519）引种成苗。生长良好。
桂林植物园 自广西靖西（P066）引种成苗。生长良好。
上海植物园 自仙湖植物园（2017-4-0329）。生长良好。

物候

仙湖植物园 花期6月。
桂林植物园 花期9月。
上海植物园 5~6月。

迁地栽培要点

适应性较强，对光照、水分的要求不高，较喜荫蔽环境，强烈阳光会造成叶片灼伤。采用叶片扦插繁殖。

主要用途

室内观赏。

栽培植株　野生植株　花序

140 羽裂报春苣苔

Primulina pinnatifida (Hand.-Mazz.) Yin Z. Wang in J. Syst. Evol. 49: 62. 2011

自然分布

广西、广东北部、贵州东南部、湖南南部、江西、福建西部和浙江南部和西部；生于山谷石山上或溪边，海拔600～1500m。

迁地栽培环境

仙湖植物园　盆栽于玻璃房内。

桂林植物园　栽于展示温室拟原生境吸水石上。

贵州省植物园　盆栽于温室内。

迁地栽培形态特征

多年生草本。

茎　无。

叶　均基生；叶片草质，长圆形，长3～18cm，宽1.5～7.8cm，顶端急尖，基部楔形，边缘不规则羽状浅裂，两面疏被短伏毛，侧脉每侧3～5条；叶柄扁，长2～10cm，宽1～4mm，被柔毛。

花　花序有1～4花；花序梗长4.5～20cm，被柔毛；苞片对生，长圆形，长5～14mm，宽1.5～8mm，被柔毛；花梗长5～10mm，密被柔毛及腺毛。花萼长4～7mm，5裂至基部；裂片线状披针形，宽1.2～1.8mm，被短柔毛。花冠紫色或淡紫色，长3.2～4.5cm，外面被短柔毛，内面只在上唇之下被柔毛；筒长2～2.8cm。

果　未见。

濒危等级（Status）

无危（LC）

引种信息

仙湖植物园　自广西（QZJ-0607）引种成苗。生长良好。

桂林植物园　自广西灌阳（PB20161203）引种成苗。生长良好。

贵州省植物园　2017年自广西引种成苗。

物候

仙湖植物园　花期6～7月。

桂林植物园　花期8月。

贵州省植物园　花期8月。

迁地栽培要点

栽培难度较大，对生长环境要求苛刻。需要空气湿度、土壤湿度高，但是同时其根系对土壤水气比、含氧量有严格要求；忌阳光直射；喜弱酸性至中性栽培基质；畏热；喜夏季较高的日夜温差，夏季日温最高温度最好不超过30℃。采用种子和叶插繁殖。

主要用途

适合裸露石山林下绿化及园林绿化中林下植物配置。

栽培植株

野外植株

花解剖

花序

141 紫纹报春苣苔

Primulina pseudoeburnea (D. Fang & W. T. Wang) Mich. Möller & A. Weber in Taxon 60(3): 784. 2011.

开花植株

自然分布

特产于广西田东、田阳；生于石灰岩石山山脚，海拔200~250m。

迁地栽培环境

桂林植物园 栽于展示温室拟原生境吸水石上。

迁地栽培形态特征

多年生草本。

茎 根状茎长约5.5cm，粗约8mm。

叶 约7枚，基生，叶片肉质，长椭圆形，长2.5~11cm，宽1.2~4.4cm，先端微钝，基部楔形，边缘全缘，两面被贴伏短柔毛，侧脉每侧约3条，不明显，叶柄扁，长1.5~4.5cm，宽3~7mm。

花 每花序约具5花。花序梗长10~19cm，密被贴伏柔毛，苞片2，对生，革质，狭披针形，长1.5~1.8cm，宽5~7mm，先端渐尖，边缘全缘，两面被短伏毛，花梗长1~5mm，密被淡褐色腺毛。花萼5裂至基部，裂片线状披针形，长约1.1cm，宽约2mm，先端钻状长渐尖，外面密被褐色腺毛。花冠紫色，长约3cm，外面疏被柔毛，筒狭漏斗状，长约2cm。

果 未见。

濒危等级（Status）

极危（CR）

引种信息

桂林植物园 自广西田东（P1017）引种成苗。生长良好。

物候

桂林植物园 花期6月。

迁地栽培要点

喜光照，耐干旱，忌积水，喜碱性水土；在酸性基质上植株生长受限，发育不良。采用种子和叶插繁殖。

主要用途

适合裸露石山林下绿化及园林绿化中林下植物配置。

花正面　　花序

142 阳朔小花苣苔

Primulina pseudoglandulosa W. B. Xu & K. F. Chung in Bot. Stud. (Taipei) 60-18: 17. 2019.

开花植株

自然分布

特产于广西阳朔；生于石灰岩石山山脚岩壁上，海拔110～140m。

迁地栽培环境

仙湖植物园　盆栽于玻璃房内。
桂林植物园　栽于展示温室拟原生境吸水石上。
上海植物园　大棚盆栽。

迁地栽培形态特征

多年生草本。

🟣**茎**　根状茎近圆柱形，长3～7cm，宽8～12mm。

🟣**叶**　8～18枚，基生，具叶柄，草质，有时略肉质；叶柄近圆柱形，长4～8cm，宽1.5～2.5mm，疏被短柔毛；叶片心形，长5.0～6.5cm，宽4.5～5.5cm，两面疏被短柔毛，基部心形，边缘具齿，先端锐尖至钝；近羽状，"羽片"每面2～3枚，有时沿脉呈白色。

🌸 聚伞花序3~8条，腋生，1~3分枝，8~15花；花序梗长7~18cm，直径约1.5mm，疏被短柔毛；苞片2，对生，披针形，长7~9mm，宽2~3mm，边缘全缘，被短柔毛；花梗长3~10mm，被短柔毛。花萼5深裂至基部，裂片披针形至线形，长6~7mm，宽0.8~1mm，先端渐尖，外面被短柔毛，里面疏被微柔毛，边缘全缘。花冠白中带淡紫，长10~13mm，外面疏被短柔毛，里面疏被微柔毛，有2条淡紫色条纹；花冠筒长6~10mm。

🍎 未见。

濒危等级（Status）

濒危（EN）

引种信息

仙湖植物园 自广西（QZJ-0644）引种成苗。生长良好。
桂林植物园 自广西阳朔（P717）引种成苗。生长良好。
上海植物园 自仙湖植物园（2016-4-0329）引种成苗。生长良好。

物候

仙湖植物园 花期4~6月。
桂林植物园 花期6月。
上海植物园 花期5~6月。

迁地栽培要点

栽培较容易。性喜干湿交替的栽培条件，但对干燥和长期湿渍有较强的抗性和适应性；对土质要求较严格，需要保证钙镁型疏松土壤，严禁积水；对夏季高温的适应性差。采用种子或叶插繁殖。

主要用途

适合裸露石山林下绿化及园林绿化中林下植物配置。

花

花序

143 假烟叶报春苣苔

Primulina pseudoheterotricha (T. J. Zhou, B. Pan & W. B. Xu) Mich. Möller & A. Weber in Taxon 60(3): 784. 2011.

开花植株

自然分布

广西钟山、贺州、苍梧；生于石灰岩山的岩缝中，海拔120～220m。

迁地栽培环境

桂林植物园　盆栽于展示温室内。

迁地栽培形态特征

多年生草本。

茎 根状茎圆柱形。

叶 基生；有柄；叶片纸质，椭圆形、椭圆状卵形，顶端钝或微钝，基部宽楔形，边缘有浅钝齿或浅波状，叶面被腺毛，侧脉每侧4条，叶柄扁平，有腺毛。

花 聚伞花序约4条，每花序有2~8花；花序梗被腺毛；苞片对生，卵形、狭卵形或椭圆形，被腺毛；花梗密被腺毛。花萼5裂达基部，两面被短毛，长约3cm，外面疏被柔毛，筒狭漏斗状，花冠紫色，长约3cm，外面疏被柔毛，筒狭漏斗状，长约2cm。

果 未见。

濒危等级（Status）

濒危（EN）

引种信息

桂林植物园 自广西钟山（P0128）引种苗。生长良好。

物候

桂林植物园 花期7月。

迁地栽培要点

适应性较弱，对光照、水分的要求不高，室内栽培高温季节注意控温控湿。采用种子繁殖，偶可用叶片繁殖。

主要用途

适合裸露石山林下绿化及微型盆景制作。

花　　　　　　　　　　　　　　　　　　花序

144
拟粉花报春苣苔

Primulina pseudoroseoalba Jian Li, F. Wen & L. J. Yan in Ann. Bot. Fenn. 51(1-2): 86-89. 2014

野外植株

自然分布

广西兴安、全州；生于岩石下阴湿处，石灰岩洞穴石壁，海拔230～300m。

迁地栽培环境

桂林植物园　盆栽于展示温室内，栽培于假山石上。

迁地栽培形态特征

多年生草本。

茎　根状茎长。

叶　约5枚，均基生，具柄；叶片草质，卵形，两侧稍不对称，顶端钝，基部心形或浅心形，边缘全缘，两面被短柔毛，侧脉每侧约3条；叶柄被短柔毛。

花　聚伞花序，2～4条，每花序有3～6花；花序梗被短柔毛；苞片对生，线状披针形，两面被短糙伏毛；花梗被短柔毛及短腺毛。花萼5裂至基部；裂片线状披针形，外面被短柔毛及短腺毛，内面无毛。花冠白色带粉红色，外面及内面上唇有少数短柔毛；筒漏斗状筒形。筒长约2.1cm。

果　未见。

濒危等级（Status）
极危（CR）

引种信息
桂林植物园 自广西全州（P623）引种成苗。生长良好。

物候
桂林植物园 花期8月。

迁地栽培要点
适应性较强，对光照、水分的要求不高，较喜荫蔽环境，强烈阳光会造成叶片灼伤。采用叶片扦插繁殖。

主要用途
适合裸露石山林下绿化及微型盆景制作。

开花植株

145 尖萼报春苣苔

Primulina pungentisepala (W. T. Wang) Mich. Möller & A. Weber in Taxon 60(3): 784. 2011.

自然分布

广西特有，产龙州、宁明。生于石灰岩山杂木林中。

迁地栽培环境

仙湖植物园　盆栽于玻璃房内；栽植于阴棚模拟原生境岩石上。
桂林植物园　盆栽于展示温室内，仿原生境种植展示温室假山岩壁。
上海植物园　大棚盆栽。

迁地栽培形态特征

多年生草本。

茎　根状茎近圆柱状，粗约6mm。

叶　约9枚，均基生，叶片肉质，狭椭圆形，长3.5~8.5cm、宽1~2.5cm，先端急尖，基部楔形，边缘全缘，上面密被贴生疏柔毛，下面密被短柔毛，侧脉每侧约5条，不明显；叶柄扁，长0.8~2.8cm，宽0.3~0.5cm，密被贴生短柔毛。

花　花序腋生，约6条，1~2回分枝，每花序具4~8花，花序梗长5~7.8cm，被开展的短柔毛和腺状短柔毛；苞片2，对生，线状三角形，长0.5~13cm，宽约1.5mm，具短柔毛，花梗长2.7~5cm，被腺状短柔毛和疏柔毛。花萼5裂达基部，狭三角状线形，长约6mm，宽1.2mm，先端钻状渐尖，边缘全缘，外面被短柔毛，内面无毛。花冠长约3.5cm，外面疏被贴生短柔毛，内面于花丝下方具疏柔毛，筒漏斗状筒形，长约2.5cm。

果　未见。

濒危等级（Status）

濒危（EN）

引种信息

仙湖植物园　自北京植物园（QZJ-0462)引种成苗。生长良好。
桂林植物园　自广西龙州（PB0631）引种成苗。生长良好。
上海植物园　苦苣苔爱好者提供（2016-4-0429）。

物候

仙湖植物园　花期4~6月。
桂林植物园　花期7~8月。
上海植物园　花期3~5月。

迁地栽培要点

适应性较强，对光照、水分的要求不高，较喜荫蔽环境。采用叶片扦插繁殖。

主要用途

制作微型盆景。

146
紫花报春苣苔

Primulina purpurea F. Wen, Bo Zhao & Y. G. Wei in Bangladesh J. Pl. Taxon. 19(2): 167, figs. 1-2. 2012.

自然分布
广西特有，产贺州钟山。海拔235～400m。

迁地栽培环境
桂林植物园 栽培于假山岩壁上。

迁地栽培形态特征
多年生草本。

㊈ 具根状茎。

㊉ 叶均基生；叶片近纸质或草质，狭卵形或椭圆形，两侧不相等，顶端微尖，基部斜楔形，边缘全缘或浅波状，叶面密被白色短和长柔毛，背面被短茸毛，侧脉每侧约5条；叶柄扁，密被柔毛。

㊉ 花序3～4条，每花序有3～7花；花序梗被白色长柔毛和短腺毛；苞片对生，披针状线形，被长柔毛；花梗密被长柔毛及短腺毛。花萼5裂至基部；裂片披针状线形，外面被短柔毛。花冠紫色，外面疏被短柔毛；筒近筒状，长约2.6cm。

㊌ 未见。

濒危等级（Status）
易危（VU）

引种信息
桂林植物园 2018年自广西钟山（PB20180322）引种成苗。生长良好。

物候
桂林植物园 花期7～8月。

迁地栽培要点
适应性较强，对光照、水分的要求不高，较喜荫蔽环境，适合栽培于岩石壁上，强烈阳光会造成叶片灼伤。采用分株繁殖。

主要用途
适合裸露石山林下绿化及园林绿化中林下植物配置。

植株

群植效果

开花植株

花序

147 融安报春苣苔

Primulina ronganensis (D. Fang & Y. G. Wei) Mich. Möller & A.Weber in Taxon 60(3): 784. 2011.

开花植株

自然分布

广西特有，产于融安；生于石灰岩山坡潮湿石壁上，海拔100~300m。

迁地栽培环境

仙湖植物园　盆栽于展示温室内、温室大棚内。
桂林植物园　盆栽于展示温室内。

迁地栽培形态特征

多年生草本。

🌿 **茎**　根状茎长约3.5cm，粗0.7~1.6cm。

叶 约13枚，基生，叶片肉质，狭卵形至卵形，长3.5~5cm，宽1.5~2.5cm，两端急尖，基部下延，边缘具不规则的浅钝齿，两面疏被柔毛，侧脉每侧3~4条，不明显；叶柄扁，长0.8~3cm，宽1.5~4mm，疏被柔毛。

花 聚伞花序4~13，腋生，1~2回分枝，每花序具4~13花；花序梗长4~6.5cm，疏被柔毛，苞片2，对生，狭长圆形，长4~7mm，宽1~2.5mm，先端钝，边缘全缘，两面疏被毛，花梗长0.7~2.5cm，疏被柔毛。花萼5裂达基部，裂片狭三角形，长3.5~5mm，宽0.5~1.2mm，全缘，外面及内面上部疏被柔毛。花冠淡紫色，长1.3~1.8cm，外面白色，内面近基部密具淡黄色小点，筒部漏斗状筒形，长6~8mm。

果 未见。

濒危等级（Status）
濒危（EN）

引种信息
仙湖植物园 自华南植物园（QZJ-1581）引种成苗。生长良好。
桂林植物园 自广西融安（DFG2016041503）引种成苗。生长良好。

物候
仙湖植物园 花期4月。
桂林植物园 花期4月。

迁地栽培要点
典型的石灰岩山地植物，喜光照，但忌阳光直射。基质要疏松透气，忌积水，在栽培过程中加入适量钙镁肥则生长良好。采用叶片扦插繁殖。

主要用途
适合裸露石山林下绿化。

野外植株

花正面

148 融水报春苣苔

Primulina rongshuiensis (Yan Liu & Y. S. Huang) W. B. Xu & K. F. Chung in Phytotaxa 64: 4. 2012.

自然分布
广西特有，产于融水；生于石灰岩洞口潮湿石壁上，海拔100～200m。

迁地栽培环境
仙湖植物园　盆栽于玻璃房内。
桂林植物园　盆栽于展示温室内。

迁地栽培形态特征
多年生草本。

茎　根状茎短。

叶　基生，叶片肉质，椭圆形，两侧稍不相等，长7.5～10cm，宽4.2～5.2cm，先端钝，边缘有浅钝齿，上面密被短糙伏毛，下面疏被短柔毛，侧脉每侧4～5条，叶柄扁，长1.2～5.5cm，宽5～8mm，边缘有长缘毛。

花　花序2～5条，2回分枝，每花序具5～10花，花序梗长8～26cm，被长柔毛，苞片2，线状披针形，长约1.4cm，宽约1mm，先端有钻状尖头，被短柔毛，花梗长0.7～2cm，被短腺毛。花萼长4～8mm，5裂至基部，裂片披针形，宽1～2mm，外面被短柔毛，内面无毛。花冠粉红色或淡紫色，长3.7～4.6cm。

果　未见。

濒危等级（Status）
极危（CR）

引种信息
仙湖植物园　自广西融水（QZJ-1306）引种成苗。生长良好。
桂林植物园　自广西融水（P1010）引种成苗。生长良好。

物候
仙湖植物园　花期5～6月。
桂林植物园　花期6月。

迁地栽培要点
适应性较强，对光照、水分的要求不高，较喜荫蔽环境，强烈阳光会造成叶片缩卷或灼伤。采用叶片扦插繁殖。本种极易感染线虫病。

主要用途

适合裸露石山林下绿化。

栽培植株

野外植株

花

149
卵圆报春苣苔

Primulina rotundifolia (Hemsl.) Mich. Möller & A. Weber in Taxon 60(3): 784. 2011.

开花植株

自然分布

广东北部（仁化）。

迁地栽培环境

仙湖植物园　盆栽于展示温室内。
桂林植物园　盆栽于展示温室内，栽于阴棚模拟原生境岩石上。
贵州省植物园　盆栽于展示温室内。

迁地栽培形态特征

多年生草本。

茎 根状茎粗约1cm。

叶 均基生；叶片草质，圆卵形，长1.6~4.9cm，宽1.6~5.3cm，顶端圆形，基部浅心形，边缘全缘，两面均被柔毛，侧脉每侧3~4条；叶柄扁，长达4.5cm，被柔毛。

花 花序1~6条，每花序有2~7花；花序梗长4.5~13cm，被柔毛；苞片对生，狭三角形，长4~5mm，宽0.8~1mm，外面被短柔毛，内面近无毛；花梗长1.7~7cm，被腺毛及柔毛。花萼长4~5mm，5裂至基部，裂片披针状线形，宽约1mm，被柔毛。花冠紫色，长2.3~2.6cm，外面疏被短柔毛，内面在上部有柔毛；筒长约1.2cm。

果 未见。

濒危等级（Status）

易危（VU）

引种信息

仙湖植物园 自广东（QZJ-1471）引种成苗。生长良好。

桂林植物园 自广东韶关（PB2015122007）引种成苗。生长良好。

贵州省植物园 2017年自桂林植物园引种成苗。

物候

仙湖植物园 花期6~7月。

桂林植物园 花期7月。

贵州省植物园 花期8月。

迁地栽培要点

适应性较强，对光照、水分的要求不高，较喜荫蔽环境，强烈阳光会造成叶片灼伤。采用叶片扦插繁殖。

主要用途

适合裸露石山林下绿化及园林绿化中林下植物配置。

花

花苞

150
红苞报春苣苔

Primulina rubribracteata Z. L. Ning & M. Kang in Phytotaxa 239 (1): 56. 2015.

自然分布

湖南永州；生于石灰岩石壁上或小岩洞里，海拔约340m。

迁地栽培环境

桂林植物园　栽于展示温室拟原生境吸水石上。

迁地栽培形态特征

多年生草本。

茎　根状茎长约3.5cm，粗约1.2cm。

叶　基生，大约8枚，叶片薄纸质，卵形或宽卵形，顶端锐尖，边缘全缘或浅锯齿，两面密被白色短柔毛，背面深紫色。侧脉3～5条。

花　花序3～6条，花序梗长约5.6cm，每花序有1～4花；苞片紫红色，卵形或狭椭圆形，背面密被茸毛。花冠淡紫色，筒长约3.1cm。

果　未见。

濒危等级（Status）

极危（CR）

引种信息

桂林植物园　自湖南江华（PB20190504）引种成苗。生长良好。

物候

桂林植物园　花期5月。

迁地栽培要点

适应性较强，对光照、水分的要求不高，较喜荫蔽环境。根状茎发达，蔓生现象十分突出，栽培须提供足够空间以利于其地下部分顺利扩张。在保证充分水分供应前提下，对光照不是十分敏感，强烈阳光会造成叶片灼伤。肥水过于充足会造成植株疯长。采用匍匐茎无性扦插繁殖，偶可用种子繁殖。

主要用途

适合裸露石山林下绿化及园林绿化中林下植物配置。

151 硬叶报春苣苔

Primulina sclerophylla (W. T. Wang) Yin Z. Wang in J. Syst. Evol. 49: 62. 2011.

自然分布

特产于广西都安和宜山；生于石灰岩石山石壁上，海拔180~2000m。

迁地栽培环境

  仙湖植物园 盆栽于玻璃房内。
  桂林植物园 栽于展示温室拟原生境吸水石上。
  上海植物园 大棚盆栽。

迁地栽培形态特征

  多年生草本。

  茎 根状茎短。

  叶 基生，叶片肉质，椭圆形，长7.5~10cm，宽4.2~5.2cm。先端钝，基部楔形，边缘有浅钝齿，上面密被短糙伏毛，下面疏被短柔毛，侧脉每侧4~5条，叶柄扁，长1.2~5.5cm，宽5~8mm，边缘有长缘毛。

  花 花序2~5条，2回分枝，每花序具5~10花，花序梗长8~26cm，被长柔毛，苞片2，线状披针形，长约1.4cm，先端有钻状尖头，被短柔毛，花梗长0.7~2cm，被短腺毛。花萼长4~8mm，5裂至基部，裂片披针形，宽1~2mm，外面被短柔毛，内面无毛。花冠粉红色或淡紫色，长3.7~4.6cm，外面疏被短柔毛及短腺毛，内面在紫色斑及下部有疏柔毛，筒近筒状，长约2.5cm。

  果 未见。

濒危等级（Status）

  无危（LC）

引种信息

  仙湖植物园 自广西（QZJ-0607）引种成苗。生长良好。
  桂林植物园 自广西宜州（P316）引种成苗。生长良好。
  上海植物园 苦苣苔爱好者提供（2016-4-0476）。生长良好。

物候

  仙湖植物园 花期3~4月。
  桂林植物园 花期4月。
  上海植物园 花期3~4月。

迁地栽培要点

典型石灰岩山地植物，喜钙，典型钙镁性植物，栽培基质需要添加适量的钙镁肥；喜光照，但最好避免阳光直射；忌积水；土壤需要足够疏松而不能积水。采用种子和叶插繁殖。

主要用途

适合裸露石山林下绿化及园林绿化中林下植物配置。

开花植株（花叶）

花侧面

花正面

花

花萼

152 寿城报春苣苔

Primulina shouchengensis (Z. Yu Li) Z. Yu Li in J. Syst. Evol. 49: 62. 2011.

植株

自然分布

广西永福融安；生于石灰岩山地崖壁或山洞中，海拔300～350m。

迁地栽培环境

仙湖植物园　盆栽于温室大棚内。
昆明植物园　盆栽于温室大棚内。
桂林植物园　盆栽于温室大棚内，栽于阴棚模拟原生境岩石上。
上海植物园　大棚盆栽。
贵州省植物园　盆栽于温室大棚内。

迁地栽培形态特征

多年生草本。

茎 根状茎倒圆锥形，长达1.2cm，宽达8mm。

叶 叶基生，约10枚，聚生于根状茎顶端；叶片倒披针形，长2~3cm，宽5~10mm，纸质，先端急尖，基部下延，边缘全缘，侧脉每侧2~3条，不明显；叶柄长约1cm，宽1~2mm，密被短柔毛。

花 花序腋生，3~6条，每花序具1直立的花，花序梗长0.9~1.1cm，密被短柔毛；苞片2，线状长圆形，长4~6mm，宽约1mm，两面密被短柔毛，花梗长0.7~1.1cm，密被短柔毛。花萼5裂达基部，裂片线状披针形，长1~1.2cm，宽1.6~1.8mm，外面被短柔毛，内面无毛，边缘全缘，被短柔毛和微柔毛，先端渐尖。花冠淡紫色，长约4.5cm，筒长约3.3cm。

果 未见。

濒危等级（Status）

易危（VU）

引种信息

仙湖植物园 自广西（QZJ-0597）引种成苗。生长良好。
上海植物园 自仙湖植物园引种（2017-4-0012）。生长良好。
昆明植物园 2016年引种自广西。
桂林植物园 自广西百寿引种，引种号（P053）。生长良好。
贵州省植物园 2016年自广西永福引种成苗。

物候

仙湖植物园 花期5月。
昆明植物园 花期3~4月。
桂林植物园 花期4月。
上海植物园 花期5~6月。
贵州省植物园 花期4月。

迁地栽培要点

喜阴生及穴生植物，对光照及水分要求严格，对夏季高温抗性较弱，避免阳光直射，保持适当的空气湿度，喜钙植物，栽培基质要疏松，忌积水。采用叶片无性扦插繁殖。

主要用途

适合裸露石山林下绿化及园林绿化中林下植物配置。

开花植株

花

153 中越报春苣苔

Primulina sinovietnamica W. H. Wu & Qiang Zhang in Phytotaxa 60. 36. 2012.

开花植株

自然分布

特产于广西龙州；生于石灰岩山坡林下石壁上，海拔约600m。

迁地栽培环境

仙湖植物园 盆栽于玻璃房内。
桂林植物园 栽于展示温室拟原生境吸水石上。
上海植物园 大棚盆栽。

迁地栽培形态特征

多年生草本。

茎 具根状茎。

叶 基生，4~10枚，叶片肉质，狭椭圆形，长3.2~5.4cm，宽2.1~2.8cm，顶端急尖，边缘全缘。叶上面被紫红色贴伏毛，侧脉3~5条。

花 花序2~5条，花序梗长约5.7cm，每花序有2~4花；苞片2枚，对生，长约1cm，宽约0.5cm；花萼5裂达基部；花冠淡紫色，筒长约1.3cm。

果 未见。

濒危等级（Status）

濒危（EN）

引种信息

仙湖植物园 自广西（QZJ-1505）引种成苗。生长良好。

桂林植物园 自广西龙州（PB20190726）引种成苗。生长良好。

物候

仙湖植物园 花期9~11月。

桂林植物园 花期10月。

上海植物园 花期10~11月。

迁地栽培要点

典型石灰岩山地植物，喜钙，典型钙镁性植物，栽培基质需要添加适量的钙镁肥；喜光照，但最好勿使阳光直射；忌积水；土壤需足够疏松。采用种子和叶插繁殖。

主要用途

适合裸露石山林下绿化及园林绿化中林下植物配置。

花正面

154 焰苞报春苣苔

Primulina spadiciformis (W. T. Wang) Mich. Möller & A. Weber in Taxon 60(3): 784. 2011.

自然分布

广西特有，产于贵港；生于石灰岩山石缝中，海拔180m。

迁地栽培环境

桂林植物园　盆栽于展示温室内。

迁地栽培形态特征

多年生草本。

茎　根状茎圆柱形，粗约2cm。

叶　约7枚，基生，叶片纸质，椭圆形，长1.5~8.2cm，宽1~4.4cm，先端钝，边缘有浅波状钝齿，两面均密被短柔毛，侧脉每侧约4条，叶柄扁，长1~9cm，宽1.5~3.5mm，密被短柔毛。

花　花序约3条，每花序具1花，花序梗长6~7cm，密被开展短柔毛；苞片佛焰苞状，船状狭卵形，长1.5~2cm，宽4~6mm，先端长渐尖，基部抱茎，密被短柔毛，花梗长1~1.6cm。花萼5裂达基部，裂片线状披针形，长约5mm，宽1~1.2mm，外面被短柔毛，内面无毛。花冠淡蓝色，在上唇之下有1黄色斑块，长约3cm，筒近钟状，长约2.1cm，口部直径1.5cm。

果　未见。

濒危等级（Status）

无危（LC）

引种信息

桂林植物园　自广西贵港（PB20170819）引种成苗。生长良好。

物候

桂林植物园　花期7~8月。

迁地栽培要点

适应性较强，对光照、水分的要求不高，较喜荫蔽环境，强烈阳光会造成叶片灼伤。采用叶片扦插繁殖。

主要用途

根状茎在民间供药用，治咳嗽，跌打损伤。

开花植株

花侧面　　花正面

苞片　　花萼及雌蕊

155 菱叶报春苣苔

Primulina subrhomboidea (W. T. Wang) Yin Z. Wang in J. Syst. Evol. 49(1): 62. 2011.

自然分布

广西桂林、阳朔。

迁地栽培环境

仙湖植物园 盆栽于展示温室内，温室大棚内，室外石山展示区。

桂林植物园 盆栽于展示温室内，温室大棚内。

上海植物园 大棚盆栽。

迁地栽培形态特征

多年生草本。

茎 根状茎长约3.5cm，粗约1.8cm。

叶 叶基生，叶片革质，菱状卵形，两侧稍不对称，长3~7cm，宽1.5~3.7cm，先端圆形，边缘浅波状，密被缘毛，侧脉每侧约3条，不明显；叶柄长0.4~2.5cm，被长柔毛。

花 每花序具1~3花，花序梗长5.5~8cm，密被紫色短柔毛，苞片对生，紫色，狭卵形，长4~6mm，宽2~3mm，两面被短柔毛；花梗长0.8~1.4cm。密被柔毛。花萼紫色，长6~7mm，5裂至基部。裂片狭披针形，宽1.2~2mm，边缘近顶部有1~2小齿，外面被短柔毛，内面近无毛。花冠紫色，长约4.5cm。

果 未见。

濒危等级（Status）

无危（LC）

引种信息

仙湖植物园 自广西（QZJ-1302）引种成苗。生长良好。

桂林植物园 自广西阳朔（P037）引种成苗。生长良好。

上海植物园 苦苣苔爱好者提供（2016-4-0438）。生长良好。

物候

仙湖植物园 花期4月。

桂林植物园 花期3~4月。

上海植物园 花期3~4月。

迁地栽培要点

适应性较强，对光照、水分的要求不高，较喜荫蔽环境，强烈阳光会造成叶片灼伤。采用叶片扦插繁殖。

主要用途

园林绿化中林下植物配置。

156 钟冠报春苣苔

Primulina swinglei (Merr.) Mich. Möller & A.Weber in Taxon 60(3): 785. 2011.

开花植株

自然分布

广西南部、广东博罗，越南也有分布；生于山谷林中或陡崖上，海拔600～900m。

迁地栽培环境

仙湖植物园　盆栽于玻璃房内，栽植与阴棚模拟原生境岩石上。
桂林植物园　栽于展示温室拟原生境吸水石上。

迁地栽培形态特征

多年生草本。

🌿茎　短而粗的根状茎。

🍃叶　均基生。具短或长柄；叶片草质，椭圆形或椭圆状卵形，有时近圆形，长6～15cm，宽4～11cm，顶端急尖，基部常斜，宽楔形，边缘有不整齐波状小齿，两面与叶柄均被稍密或稀疏的短伏毛，侧脉每侧3～7条；叶柄扁，长0.8～5cm，宽2～11mm。

🌸花　具3～6花序，每花序有3～6花；花序梗长4.8～17cm，被短柔毛；苞片对生，线形，长

2~6mm，宽0.8~1mm，被短毛；花梗长2~6cm，被开展的短柔毛。花萼长6~10mm，5裂至基部，裂片披针状线形，宽1~1.5mm，外面密被短柔毛，内面上部有疏伏毛。花冠淡蓝色或紫色，长2.8~4.2cm，外面疏被短柔毛，内面无毛；筒钟状或漏斗状，长1.3~2.4cm。

果 未见。

濒危等级（Status）
无危（LC）

引种信息
仙湖植物园　自广西（QZJ-0601）引种成苗。生长良好。
桂林植物园　自广西桂平（PB20140613）引种成苗。生长良好。

物候
仙湖植物园　花期4~6月。
桂林植物园　花期8月。

迁地栽培要点
栽培较容易，耐热，喜较强散射光，长势强健。采用种子或叶插繁殖。

主要用途
适合裸露石山林下绿化及园林绿化中林下植物配置。

花序

157 报春苣苔

Primulina tabacum Hance in Journ. Bot. 21: 169. 1883.

开花植株

自然分布

广东北部连州、阳山，湖南永州地区，广西贺州，江西北部；生于石灰岩洞穴石壁、林下石壁，海拔185~430m。

迁地栽培环境

桂林植物园　盆栽于温室大棚。

迁地栽培形态特征

多年生草本。

茎 具根状茎，长约1.1cm，粗约0.5cm。

叶 叶均基生，具长柄；叶片圆卵形，长5~10cm，宽4~8cm，顶端微尖，基部浅心形，边缘浅波状，两面均被短柔毛，下面还有腺毛，侧脉每侧约3条，上面平，下面稍隆起；叶柄长2.5~14cm，扁平。

花 聚伞花序伞状，1~2回分枝，有2~7花；花序梗长约8cm，被短柔毛和短腺毛；苞片对生，狭长圆形，有腺毛。花萼长约5.5mm，5深裂，两面被短柔毛，筒长约1.3mm；裂片狭披针形，长约4.5mm，宽0.6~1mm，顶端有腺体。花冠紫色，外面和内面均被短柔毛；筒细筒状，长约1cm，口部直径4mm。

果 未见。

濒危等级（Status）

濒危（EN）

引种信息

桂林植物园 自湖南江华（PB2020050106）引种成苗。生长良好。

物候

桂林植物园 花期8~9月。

迁地栽培要点

适应性较强，对光照、水分的要求不高，较喜荫蔽环境。

主要用途

园林绿化中林下植物配置。

花

花序

158 神农架报春苣苔

Primulina tenuituba (W. T. Wang) Yin Z. Wang in J. Syst. Evol. 49(1): 62. 2011.

自然分布
贵州东北部、中部至南部，湖南西北部、四川东南部、湖北西部；海拔800~1200m。

迁地栽培环境
桂林植物园 盆栽于低温温室。
贵州省植物园 盆栽于玻璃温室内，露天栽植于岩石上。

迁地栽培形态特征
多年生小草本。
🟢**茎** 根状茎长5~8mm，粗3~5mm。
🟢**叶** 约5枚，均基生，具短柄；叶片纸质，卵形，长1.7~4.5cm，宽1.8~3.5cm，顶端钝，基部宽楔形，边缘全缘，两面被贴伏柔毛，侧脉每侧约3条；叶柄长3~9mm，扁，长1~8mm。
🟢**花** 花序2~4条，每花序有2~5花；花序梗长0.6~1.4cm，与花梗均密被开展短柔毛；苞片对生，三角形。花萼长4.5~5.5mm，5裂达基部，裂片线形，宽0.8~1.2mm，外面被短柔毛，内面无毛。花冠紫色，长2~2.5cm，外面疏被短柔毛，内面在下唇之下被短柔毛；筒细筒状，长1.3~1.8cm，口部直径2~3.5mm。
🟢**果** 未见。

濒危等级（Status）
无危（LC）

引种信息
桂林植物园 2017年自贵州荔波（PB2017080501）引种成苗。长势一般。
贵州省植物园 2017年自贵州贵阳东山公园引种成苗，2018年自贵州云台山引种成苗，2019年自贵州江口引种成苗。

物候
桂林植物园 花期6月。
贵州省植物园 花期4~5月。

迁地栽培要点
对高温抵抗性较差，需低温温室盆栽，要求基质疏松，避免积水，避免阳光直射。叶片扦插繁殖。

主要用途
用于微型盆景观赏。

中国迁地栽培植物志·苦苣苔科·报春苣苔属

野外植株

盆栽植株

地栽植株

花

159 天等报春苣苔

Primulina tiandengensis (F. Wen & H. Tang) F. Wen & K. F. Chung in Phytotaxa 64: 4. 2012.

自然分布

广西特有，产于天等、大新；生于石灰岩洞口潮湿石壁上，海拔120~240m。

迁地栽培环境

桂林植物园　盆栽于展示温室内，栽培于假山石上。

迁地栽培形态特征

多年生草本。

🌱 **茎**　具粗根状茎。长约4.1cm，粗约1.5cm。

🍃 **叶**　4~8枚，均基生；叶片稍肉质，长椭圆形或长圆形，长5.1~8.2cm，宽2.1~3.5cm，叶面被贴伏的糙毛，背面被短柔毛，基部宽楔形或楔形；具长柄，扁平，侧脉3~6对。

🌸 **花**　聚伞花序腋生，花序梗长约15.2cm，1~2回分枝，4~8花。花萼5裂达基部，裂片线状披针形。花冠淡紫色，花冠筒白色；檐部明显二唇形，淡紫色，上唇2裂，下唇3裂。筒长约3.4cm。

🍐 **果**　未见。

濒危等级（Status）

濒危（EN）

引种信息

桂林植物园　自广西天等（PB20160424）引种成苗。生长良好。

物候

桂林植物园　花期6月。

迁地栽培要点

适应性较强，对光照、水分的要求不高，较喜荫蔽环境，强烈阳光会造成叶片缩卷或灼伤。采用叶片扦插繁殖。

主要用途

适合裸露石山林下绿化。

开花植株　盆栽植株　野外植株　花正面　花

160 三苞报春苣苔

Primulina tribracteata (W. T. Wang) Mich. Möller & A. Weber in Taxon 60(3): 785. 2011.

自然分布

广西凤山；生于石灰岩山洞中或山脚阴湿处，海拔850~870m。

迁地栽培环境

桂林植物园 盆栽于展示温室；温室栽于岩石上。

昆明植物园 栽植于温室岩石上。

迁地栽培形态特征

多年生草本。

茎 根状茎短。

叶 约7枚，基生，叶片纸质，椭圆形，两侧不相等，长8~14cm，宽5~9.4cm，先端钝，基部斜宽楔形，边缘具浅钝齿，上面近边缘处疏被短毛，下面疏被毛，沿脉毛较密，侧脉每侧4~5条；叶柄扁，长2~4.5cm，宽3~5mm。

花 聚伞花序约4条，2~3回分枝，每花序具4~9花；花序梗长8.5~9.8cm，被开展的长柔毛及短腺毛，苞片3，轮生，长椭圆形，长0.9~1.3cm，宽3~7.5mm，边缘全缘，有长缘毛，花梗长0.8~1.6cm，被短腺毛。花萼长7~10mm，5裂至基部，裂片线状披针形，宽1~1.5mm，外面被短柔毛，内面无毛。花冠蓝色，长3.6~4cm，筒细漏斗状，长约2.8cm。

果 未见。

濒危等级（Status）

濒危（EN）

引种信息

桂林植物园 自广西凤山（PB20170814）引种成苗。生长良好。

昆明植物园 2016年自广西引种。

物候

桂林植物园 花期4~5月。

昆明植物园 花期6~7月。

迁地栽培要点

适应性较强，对光照、水分要求不高，基质疏松透气，通风开阔，喜阴喜湿。

主要用途

用于栽培观赏。

栽培植株

野外植株

花序

花正面

161 多色报春苣苔

Primulina versicolor F. Wen, B. Pan & B. M. Wang in Edinburgh J. Bot. 73(1): 27. 2016.

开花植株

自然分布

广东特有，产于英德；生于石山林下，海拔200～350m。

迁地栽培环境

桂林植物园　栽培于展示温室岩石上。

迁地栽培形态特征

多年生草本。

茎　根状茎短，稍肉质，长1.5～2.2cm。

叶　纸质，宽椭圆形或近心形，基部宽楔形到心形，边缘全缘，顶端钝到稍急尖，具疏生贴伏短柔毛，侧脉5～6脉；叶柄压扁。侧脉每侧3～5条。

花　聚伞花序4～8条，每花序4～15花，花序梗密被短柔毛；苞片2，对生，宽卵形或近心形，外面密被贴伏短柔毛，内部近无毛，边缘全缘，顶端锐尖；花梗具腺毛。花萼5裂到基部，裂片近等长，披针形，边缘3~5锯齿，顶端锐尖，外面密被腺毛，里面近无毛。花冠黄色，喉深黄色，有两条棕紫色条纹，上唇两裂片间和上唇与下唇裂片间具棕褐色斑块。花冠上半部分的外侧具直立腺毛，花冠下半部分的外侧疏生短柔毛。筒长约3.1cm。

果 未见。

濒危等级（Status）
极危（CR）

引种信息
桂林植物园　自广东英德（P281）引种成苗。生长良好。

物候
桂林植物园　花期8月。

迁地栽培要点
适应性较好，对温度、水分要求不高，较喜荫蔽环境，栽培基质疏松通气。采用叶片扦插繁殖。

主要用途
适合裸露石山林下绿化及园林绿化中林下植物配置。

162 文采报春苣苔

Primulina wentsaii (D. Fang & L. Zeng) Yin Z. Wang in J. Syst. Evol. 49(1): 62. 2011.

自然分布
广西特有，产龙州、扶绥；生于石灰岩裸露石缝，海拔750m。

迁地栽培环境
桂林植物园 盆栽于展示温室；室外栽于石墙缝。

迁地栽培形态特征
多年生草本。

茎 根状茎粗壮，圆柱状，肉质，上部分枝。

叶 叶基生或簇生于根状茎顶端，无柄。叶片披针状线形，镰状，长4.5~9cm，宽0.4~1.5cm，肉质，具稀疏的刺状小齿，无毛，叶脉不明显。

花 聚伞花序腋生，2~5条，每花序具2~5花，花序梗长6~10cm，连花梗被开展的短柔毛和腺状短柔毛，苞片2枚，对生，狭线形，长3~3.5cm，宽2~2.4mm，两面被开展的短柔毛和腺状短柔毛，花梗长1~2cm。花萼长1~1.2cm，5裂达基部，裂片线状披针形，宽2mm，外被短柔毛和腺状短柔毛，内面近无毛。花冠蓝紫色，长4.5~5cm，外面疏被腺状短柔毛和短柔毛，内面无毛，筒钟状，长3~3.5cm，口部直径约1.2cm。

果 未见。

濒危等级（Status）
濒危（EN）

引种信息
桂林植物园 自广西龙州（PB2017051203）引种成苗。生长良好。

物候
桂林植物园 花期5月。

迁地栽培要点
适应性较强，要求足够的光照，对水分要求不高，基质疏松透气，较喜阳。

主要用途
用于微型盆景制作，根状茎可治风湿骨痛等症。本种被采挖严重，亟待加强保护。

163 阳朔报春苣苔

Primulina yangshuoensis Y. G. Wei & F. Wen in Taiwania 57(1): 56. 2012.

开花植株

自然分布

广西特有，产于阳朔、荔浦；生于石灰岩山坡潮湿石壁上，海拔100～150m。

迁地栽培环境

  仙湖植物园 盆栽于玻璃房内。

  桂林植物园 盆栽于大棚内，栽培于展示温室假山石上。

迁地栽培形态特征

  多年生草本。

  🟣茎 根状茎长约1cm，粗约0.5cm。

  🟣叶 10～14枚，莲座状基生。叶片阔卵形、近圆形或圆形，长4.5～8.3cm，宽3.8～5.4cm，两侧稍不对称，两面被长柔毛，侧脉每边2～3条。

  🟣花 聚伞花序腋生，2～4条，每花序1～4花，苞片2，狭披针形，外面被柔毛。花萼5裂达基部，狭披针形或线形。花冠蓝色到蓝紫色，外面被短柔毛，檐部明显二唇形，上唇2裂过中部，下唇3裂过中部。筒长约2.7cm。

  🟣果 未见。

濒危等级（Status）

  极危（CR）

引种信息

仙湖植物园 自广西（QZJ-1377）引种成苗。生长良好。

桂林植物园 自广西阳朔（P560）引种成苗。生长良好。

物候

仙湖植物园 花期10～11月。

桂林植物园 花期9～10月。

迁地栽培要点

适应性较强，对光照、水分的要求不高，较喜荫蔽环境，强烈阳光会造成叶片灼伤。采用叶片扦插繁殖。

主要用途

适合裸露石山林下绿化及园林绿化中林下植物配置。

植株　叶片正面　叶片背面　花侧面　花正面

164 英德报春苣苔

Primulina yingdeensis Z. L. Ning, M. Kang & X. Y. Zhuang in Willdenowia 46(3): 401 2016.

自然分布

广东特有，产英德；生于石灰岩石山石壁上，海拔600m。

迁地栽培环境

桂林植物园　盆栽于展示温室内，栽培于展示温室假山石上。

迁地栽培形态特征

多年生草本。

🌿 **茎**　根状茎圆柱形。

🍃 **叶**　基生，6~12枚；叶片厚纸质，狭卵形或狭椭圆形，长4.2~8.3cm，宽2.4~5.1cm，全缘，两面密被短柔毛，侧脉每侧3~4条。

🌸 **花**　花序1~5条，有1~4花；花序梗被腺状柔毛；苞片2，对生，线状披针形。花冠白色，外面有腺毛，筒长约2.8cm。

🍎 **果**　未见。

濒危等级（Status）

无危（LC）

引种信息

桂林植物园　自广东英德（P1026）引种成苗。生长良好。

物候

桂林植物园　花期9~10月。

迁地栽培要点

适应性较强，对光照、水分的要求不高，较喜荫蔽环境，强烈阳光会造成叶片灼伤。采用叶片扦插繁殖。

主要用途

适合裸露石山林下绿化及园林绿化中林下植物配置。

165 永福报春苣苔

Primulina yungfuensis (W. T. Wang) Mich. Möller & A. Weber in Taxon 60(3): 785. 2011.

开花植株（花叶）

野外植株

自然分布

特产于广西，产于永福、临桂；生于石灰岩山坡林下石壁上，海拔100～300m。

迁地栽培环境

仙湖植物园　盆栽于展示温室内，栽于阴棚模拟原生境岩石上。
桂林植物园　盆栽于展示温室内，栽于阴棚模拟原生境岩石上。
上海植物园　大棚盆栽。
贵州省植物园　栽于阴棚模拟原生境岩石上。

迁地栽培形态特征

多年生草本。

🟣茎　根状茎发达。

🟣叶　基生叶，约8枚，有柄，叶片革质，椭圆状卵形，长2.7～5.2cm，宽1.7～3.4cm，先端钝，基部宽楔形，边缘有浅钝齿，上面被紫色毛，下面紫色，被紫色短柔毛，侧脉每侧约3条，不明显，叶柄扁平，有紫色长柔毛。

🟣花　聚伞花序约6条，似伞形花序，每花序具4～7花，花序梗长4.5～9cm，有紫色长柔毛，苞片对生，狭卵形，先端微钝，背面被紫色毛，花梗长1～18cm，密被短柔毛。花萼5裂达基部，裂片披针状线形，长5.5～7mm，宽1.2～2.2mm，两面被短毛。花冠淡紫色，长3.8～4.6cm，外面被短柔毛，内面下部被极短柔毛，筒部筒状，长2.5～3.4cm。

🟣果　未见。

濒危等级（Status）
濒危（EN）

引种信息
仙湖植物园　自云南（QZJ-1173）引种成苗。生长良好。
桂林植物园　自广西临桂（P047）引种成苗。生长良好。
上海植物园　自仙湖植物园（2017-4-0009）引种成苗。生长良好。
贵州省植物园　2016年自桂林植物园引种成苗；2017年自仙湖植物园引种成苗。

物候
仙湖植物园　花期5～6月。
桂林植物园　花期6月。
上海植物园　花期5～6月。
贵州省植物园　花期7月。

迁地栽培要点
适应性较强，对光照、水分的要求不高，较喜荫蔽环境。根状茎发达，蔓生现象十分突出，栽培须提供足够空间以利于其地下部分顺利扩张。在保证充分水分供应前提下，对光照不是十分敏感，强烈阳光会造成叶片灼伤。肥水过于充足会造成植株疯长。采用叶片扦插繁殖，偶可用种子繁殖。

主要用途
适合裸露石山林下绿化及园林绿化中林下植物配置。

166 资兴报春苣苔

Primulina zixingensis L. H. Yang & B. Pan in Ann. Bot. Fenn. 57(1-3): 55. 2019.

开花植株

自然分布

湖南资兴；生于石灰岩林下石壁，海拔200m。

迁地栽培环境

桂林植物园 盆栽于保育大棚内，栽培于展示温室岩石上。

迁地栽培形态特征

多年生草本。

- 🌿 **茎** 根状茎圆柱形。
- 🍃 **叶** 4~6枚，基生；叶片纸质，椭圆形或长椭圆形，顶端锐尖至钝，基部楔形到宽楔形，长4.1~6.2cm，宽2.4~4.7cm。边缘具浅锯齿，两面被短柔毛，侧脉每侧3~6条，比较明显；叶柄扁，密被短柔毛。
- 🌸 **花** 聚伞花序腋生，2~4条，每花序有2~5花；花序梗密被开展短柔毛；苞片2，倒披针形，具短柔毛。花萼5裂达基部，狭披针形，边缘全缘，外面被短柔毛，内面被微柔毛。花冠淡黄色，外面疏被短柔毛；筒漏斗状筒形，筒长约2.6cm。
- 🍎 **果** 未见。

濒危等级（Status）
极危（CR）

引种信息
桂林植物园 自湖南资兴（PB20171203）引种成苗。生长良好。

物候
桂林植物园 花期8月。

迁地栽培要点
适应性较强，对光照、水分的要求不高，较喜荫蔽环境，强烈阳光会造成叶片灼伤。采用叶片扦插繁殖。

主要用途
花色艳丽适合观赏。

花正面　　花侧面　　花序

异裂苣苔属

Pseudochirita W. T. Wang, in Bot. Res. no. 1: 21. 1983.

多年生草本。茎粗壮,与叶密被柔毛。叶对生,具柄,椭圆形,边缘具齿,叶脉羽状。聚伞花序具梗,腋生;花中等大。花萼钟状,5浅裂,裂片扁三角形。花冠黄绿色至绿白色,筒漏斗状筒形,檐部二唇形,比筒短,上唇较短,2裂,下唇较长,3浅裂。下(前)方2雄蕊能育,内藏,着生于花冠筒近中部处,花丝狭线形,稍弧状弯曲,花药基着,长圆形,顶端连着,2药室平行,顶端不汇合,药隔背面隆起;退化雄蕊3,位于上(后)方,侧生的狭线形,中央的极小。花盘杯状。雌蕊内藏,子房线形,具柄,2侧膜胎座稍内伸后极叉开,花柱细,柱头2,不等大。蒴果线形,室背开裂为2瓣。种子小,纺锤形,两端有小尖头。

本属已知2种1变种,产广西。越南也有分布。

167 异裂苣苔

Pseudochirita guangxiensis (S. Z. Huang) W. T. Wang in Bot. Res. Academia Sinica 1: 22. 1983.

自然分布

广西龙州、靖西、上林、马山、来宾、忻城、融水；生于石灰岩石山林下，海拔160～370m。

迁地栽培环境

桂林植物园 露天地栽于荫蔽假山上。

迁地栽培形态特征

多年生草本。

茎 高0.5～1m，密被短茸毛。

叶 对生，同一对叶不等大；叶片草质，两侧常不相等，椭圆形，长11～29cm，宽6～18cm，顶端急尖，基部宽楔形，上面密被贴伏柔毛，下面被短茸毛，边缘有小牙齿，侧脉每侧8～11条；叶柄长1～6cm，被短茸毛。

花 聚伞花序生茎顶叶腋，具梗，长达18cm，两叉状分枝，约有10花；花序梗长8～12cm，被短柔毛；苞片对生，宽卵形，长达1.8cm，密被短柔毛；花梗长4～9mm。花萼钟状，长9～11mm，直径约6mm，外面密被短腺毛，内面无毛，5浅裂。花冠白色，长3.2～4.3cm，外面上部被疏柔毛或无毛，内面无毛，筒长3cm。

果 未见。

濒危等级（Status）

无危（LC）

引种信息

桂林植物园 自广西靖西引种成苗。生长良好。

物候

桂林植物园 花期8～10月。

迁地栽培要点

适应性较强，对光照、水分的要求不高，较喜荫蔽环境，茎插繁殖。

主要用途

园林绿化中林下植物配置。

开花植株　植株　花序　花

377

168 粉绿异裂苣苔

Pseudochirita guangxiensis (S. Z. Huang) W. T. Wang var. *glauca* Y. G. Wei & Yan Liu in Acta Phytotax. Sin. 42(6): 555. 2004.

开花植株

自然分布

广西马山、上林、靖西；生于石灰岩石山林下，海拔150~350m。

迁地栽培环境

桂林植物园 露天地栽于荫蔽假山上。

迁地栽培形态特征

多年生草本。

茎 茎高0.5~1m，密被短茸毛，茎苍白色。

叶 叶对生，同一对叶不等大，粉绿色，叶片草质，两侧不相等，卵形，长1~29cm，宽6~18cm，先端急尖，基部宽楔形，上面密被茸毛，下面被短茸毛，边缘近全缘，侧脉每侧8~11条。叶柄长1~6cm，被短茸毛。

花 聚伞花序生茎顶叶腋，具梗，长达18cm，两叉状分枝或不分枝，常呈穗状，每花序具6~12花，花序梗长6~11cm，被短柔毛，苞片对生，早落，宽卵形，密被短柔毛，花梗长3~8mm。花萼钟状，外面密被短腺毛、内面无毛，5浅裂。花冠白色，长3.2~4.3cm，外面疏被腺状短柔毛，内面无毛，筒长3.5cm。

果 未见。

濒危等级（Status）

无危（LC）

引种信息

桂林植物园 自广西上林（P1021）引种成苗。生长良好。

物候

桂林植物园 花期9~10月。

迁地栽培要点

适应性较强，对光照、水分的要求不高，较喜荫蔽环境，茎插繁殖。

主要用途

园林绿化中林下植物配置。

植株

花

长冠苣苔属

Rhabdothamnopsis Hemsl., Journ. Linn. Soc. Bot. 35: 517. 1903.

小灌木。茎从基部分枝或不分枝。叶对生或密集于节上。花1朵生于叶腋,罕2或多朵;苞片2,位于花萼之下。花萼钟状,5裂至基部。花冠钟状筒形,中等大,檐部二唇形,比筒短,上唇2裂,下唇3裂,裂片近相等。可育雄蕊2,着生于花冠下(前)方一侧中部之下,花药中等大,被髯毛,顶端连着,药室2,汇合;退化雄蕊2。花盘环状,不裂。雌蕊被短柔毛,花柱比子房长2倍,柱头2,不等,近半圆形或舌状,或盘状微凹。蒴果长圆形,螺旋状卷曲。种子小,多数。

我国特有属,仅1种1变种,分布于云南、四川、贵州、湖南。

169
长冠苣苔

Rhabdothamnopsis chinensis (Franch.) Hand.-Mazz. in Symb. Sin. Pt. VII. 884. 1936.

开花植株

自然分布

云南、贵州、四川西南部；生于山地林中石灰岩上，海拔1600~2200m。

迁地栽培环境

昆明植物园　温室内栽于岩石上。

迁地栽培形态特征

多年生亚灌木。

🟣**茎**　高15~52cm，直径约4mm。

🟣**叶**　对生，具柄；叶片狭椭圆形，长1.5~3.5cm，宽0.8~1.8cm，顶端微尖，基部宽楔形，边缘在中部以上有细牙齿，两面疏被短柔毛，侧脉每边3~5条，上面不明显，下面稍隆起；叶柄长3~9mm，被较密的短柔毛。

🌸 单花，腋生；苞片2，披针形，长3~4mm，宽1mm，被短柔毛；花梗细，长0.8~2cm，被短柔毛。花萼5裂至近基部，裂片线状披针形，长5~7mm，宽0.6~1mm，顶端渐尖，全缘，外面被短柔毛。花冠蓝紫色，长3cm，直径1cm，外面被短柔毛；筒长2~2.5cm。

🍎 未见。

濒危等级（Status）

无危（LC）

引种信息

昆明植物园 2000年引种自云南昆明；2016年引种自云南安宁（CL217）。生长良好。

物候

昆明植物园 花期8月。

迁地栽培要点

使用腐殖土进行栽培，置于阳光散射处。茎插繁殖。

主要用途

用于盆栽观赏或假山配置。

花序　　花正面

参考文献
References

方鼎, 覃德海, 2004. 广西苦苣苔科一新属——文采苣苔属[J]. 植物分类学报, 42(6): 533-536.
郭艳峰, 刘妍, 2015. 后蕊苣苔属(苦苣苔科)植物观赏性状评价[J]. 新农业(23): 10-11.
江南, 周庄, 鲁元学, 等, 2014. 中国苦苣苔科系统学研究进展[J]. 浙江农业科学, 增刊: 143-146, 147.
李振宇, 王印政, 2005. 中国苦苣苔科植物[M]. 郑州: 河南科学技术出版社.
李振宇, 1996. 苦苣苔亚科的地理分布[J]. 植物分类学报, 34(4): 341-360.
刘冰, 叶建飞, 刘夙, 等, 2015. 中国被子植物科属概览: 依据APG Ⅲ系统[J]. 生物多样性, 23(2): 225-231.
刘伟, 曹晓慧, 2010. 吊石苣苔扦插繁殖研究[J]. 北方园艺, 2: 116-118.
娄丽, 李从瑞, 侯娜, 等, 2016. 牛耳朵组培快繁体系的建立及优化[J]. 贵州林业科技, 44(3): 30-34.
罗洁, 杨国, 陈红锋, 2016. 双片苣苔的离体培养[J]. 西北林学院学报, 31(3): 165-169.
秦佳奇, 2019. 苦苣苔科植物在上海植物园的迁地保育和展示应用[J]. 广西科学, 26(1): 64-78.
上海植物园编委会, 2014. 上海植物园[M]. 上海: 上海世纪出版集团: 43-44.
史保华, 彭洪波, 范珉, 等, 2010. 山区乡村公路的现状与对策研究[J]. 筑路机械与施工机械化, 27(1): 52-55.
覃海宁, 刘演, 2010. 广西植物名录[M]. 北京: 科学出版社.
汪小全, 李振宇, 1998. rDNA片段的序列分析在苦苣苔亚科系统学研究中的应用[J]. 植物分类学报, 36(2): 97-105.
王文采, 1990. 苦苣苔科[M]//中国科学院中国植物志编辑委员会. 中国植物志: 第69卷. 北京: 科学出版社.
韦毅刚, 温放, 等, 2010. 华南苦苣苔科植物[M]. 南宁: 广西科技出版社.
韦毅刚, 2004. 广西苦苣苔科一新属——方鼎苣苔属[J]. 植物分类学报, 42(6): 528-532.
温放, 李湛东, 张启翔, 2006. 牛耳朵的离体培养和快速繁殖[J]. 植物生理学通讯, 42(5): 906.
温放, 张启翔, 王越, 2008. 广西唇柱苣苔属和小花苣苔属植物的观赏性状评价与筛选[J]. 园艺学报, 35(2): 239-250.
温放, 张启翔, 2007. 5种唇柱苣苔属植物叶插繁殖方式研究[J]. 北方园艺, 103-105.
辛子兵, 符龙飞, 黎舒, 等, 2019. 中国苦苣苔科植物的分类系统历史变化——兼论该科植物在我国合格发表的新分类群与国家级分布新记录情况分析[J]. 广西科学, 26(1): 102-117.
许为斌, 郭婧, 盘波, 等, 2017. 中国苦苣苔科植物的多样性与地理分布[J]. 广西植物, 37(10): 1219-1226.
闫海霞, 黄昌艳, 关世凯, 等, 2018. 5种报春苣苔属植物的叶插繁殖研究[J]. 热带作物学报, 39(1): 20-26.
杨平, 陆婷, 邱志敬, 2016. 濒危植物秦岭石蝴蝶的叶插繁殖研究[J]. 北方园艺, 11: 57-60.
周正祥, 阮璐, 2010. 山区公路建设与促进山区经济发展关系的研究[J]. 经济研究导刊(11): 82-83.
BRAMLEY G L C, WEBER A, CRONK Q C B, et al, 2003. The genus *Cyrtandra* (Gesneriaceae) in peninsular

Malaysia and Singapore [J]. Edinburgh Journal of Botany, 60(3): 331-360.

BURTT B L, 2001. A survey of the genus *Cyrtandra* (Gesneriaceae) [J]. Phytomorphology: 393-404.

CHEN W H, SHUI Y M, YANG J B, et al, 2014. Taxonomic status, phylogenetic affinities and genetic diversity of a presumed extinct genus, *Paraisometrum* W. T. Wang (Gesneriaceae) from the karst regions of southwest China [J]. PLOS One, 9(9): e107967.

CRONK Q C, KIEHN M, WAGNER W L, et al, 2005. Evolution of *Cyrtandra* (Gesneriaceae) in the Pacific Ocean: The origin of a supertramp clade [J]. American Journal of Botany, 92(6): 1017-1024.

FERREIRA G E, DE ARAÚJO A O, HOPKINS M J G, et al, 2017. A new species of *Besleria* (Gesneriaceae) from the western Amazon rainforest [J]. Brittonia, 69(2): 241-245.

LI J M, WANG Y Z, 2008. *Chirita longicalyx* (Gesneriaceae), a new species from Guangxi, China [J]. Annales Botanici Fennici, 45(3): 212-214.

MIDDLETON D J, 2014. A new genus of Gesneriaceae in China and the transfer of *Briggsia* species to other genera [J]. Gardens' Bulletin Singapore, 66(2): 195-205.

MÖLLER M, MIDDLETON D J, NISHII K, et al, 2011. A new delineation for *Oreocharis* incorporating an additional ten genera of Chinese Gesneriaceae [J]. Phytotaxa, 23: 1-36.

MÖLLER M, NISHII K, ATKINS H J, et al, 2016a. An expansion of the genus *Deinostigma* (Gesneriaceae) [J]. Gardens' Bulletin Singapore, 68(1): 145-172.

MÖLLER M, WEI Y G, WEN F, et al, 2016b. You win some you lose some: Updated generic delineations and classification of Gesneriaceae-implications for the family in China [J]. Guihaia, 36(1): 44-60.

MÖLLER M, CHEN W H, SHUI Y M et al, 2014. A new genus of Gesneriaceae in China and the transfer of Briggsia species to other genera [J]. Gardens' Bulletin (Singapore), 66(2), 195-205.

SMITH J F, CLARK J L, AMAYA-MÁRQUEZ M, et al, 2017. Resolving incongruence: Species of hybrid origin in *Columnea* (Gesneriaceae) [J]. Molecular Phylogenetics and Evolution, 106: 228-240.

TANG H, WEN F, 2011. *Chirita tiandengensis* (Gesneriaceae) sp. nov. from Guangxi, China [J]. Nordic Journal of Botany, 29(2): 233-237.

The Angiosperm Phylogeny Group, 2016. An update of the Angiosperm Phylogeny Group classification for the orders and families of flowering plants: APG IV [J]. Botanical Journal of the Linnean Society, 181(1): 1-20.

WANG W T, PAN K Y, LI Z Y, et al, 1998. Gesneriaceae [M]//WU Z Y, RAVEN P H (eds). Flora of China: Vol. 18. St. Louis: Science Press: 244-401.

WANG Y Z, MAO R B, LIU Y, et al, 2011. Phylogenetic reconstruction of *Chirita* and allies (Gesneriaceae) with taxonomic treatments [J]. Journal of Systematics and Evolution, 49(1): 50-64.

WEBER A, CLARK J L, MÖLLER M, 2013. A new formal classification of Gesneriaceae. Selbyana, 31(2): 68-94.

WEBER A, MIDDLETON D J, FORREST A, et al, 2011. Molecular systematics and remodelling of *Chirita* and associated genera (Gesneriaceae) [J]. Taxon, 60(3): 767-790.

WEBER A, SKOG L E, 2007. The genera of Gesneriaceae. Basic information with illustration of selected species: 2nd edition [EB / OL]. (2020-01-29) [2019-01-02]. http: //www. genera-gesneriaceae. at/.

WEBER A, WEI Y G, PUGLISI C, et al, 2011. A new definition of the genus *Petrocodon* (Gesneriaceae) [J]. Phytotaxa, 23: 49-67.

WEBER A, 2004. Gesneriaceae [M]// KADEREIT J WKUBITZKIK (eds). Flowering plants. Dicotyledons. Berlin: Springer-Verlag Berlin Heidelberg: 63-158.

WEI Y G, WEN F, CHEN W H, et al, 2010. *Litostigma*, a new genus from China: A morphological link between basal and derived didymocarpoid Gesneriaceae [J]. Edinburgh Journal of Botany, 67(1): 161-184.

WEN F, MACIEJEWSKI E S, HE X Q, et al, 2015a. *Briggsia leiophylla*, a new species of Gesneriaceae from southern Guizhou, China [J]. Phytotaxa, 202(1): 51-56.

WEN F, WEI Y G, MÖLLER M, 2015b. *Glabrella leiophylla* (Gesneriaceae), a new combination for a former *Briggsia* species from Guizhou, China [J]. Phytotaxa, 218: 193-194.

XU W B, WU W H, NONG D X, et al. *Hemiboea purpurea* sp. nov. (Gesneriaceae) from a limestone area in Guangxi, 2010. China [J]. Nordic Journal of Botany, 28(3): 313-315.

附录1 相关植物园栽培苦苣苔科植物种类统计表

序号	中文名	拉丁名	桂林园	昆明园	贵州园	上海园	仙湖园
1	芒毛苣苔	*Aeschynanthus acuminatus* Wall. ex A. DC.				√	√
2	小齿芒毛苣苔	*Aeschynanthus chiritoides* C. B. Clarke	√				
3	长茎芒毛苣苔	*Aeschynanthus longicaulis* Wall. ex R.Br.			√	√	
4	滇南芒毛苣苔	*Aeschynanthus micranthus* C. B. Clarke	√	√			
5	广西异唇苣苔	*Allocheilos guangxiensis* H. Q. Wen, Y. G. Wei & S. H. Zhong	√				
6	异片苣苔	*Allostigma guangxiense* W. T. Wang	√				
7	软叶大苞苣苔	*Anna mollifolia* (W. T. Wang) W. T. Wang & K. Y. Pan	√				
8	红花大苞苣苔	*Anna rubidiflora* S. Z. He, F. Wen & Y. G. Wei	√	√			
9	西藏珊瑚苣苔	*Corallodiscus lanuginosus* (Wall. ex R. Br.) Burtt				√	
10	多痕奇柱苣苔	*Deinostigma cicatricosum* (W. T. Wang) D. J. Middleton & Mich. Möller	√	√			
11	弯果奇柱苣苔	*Deinostigma cyrtocarpum* (D. Fang & L. Zeng) Mich. Möller & H. J. Atkins	√	√	√		
12	盾叶光叶苣苔	*Glabrella longipes* (Hemsl. ex Oliv.) Mich. Möller & W. H. Chen	√				
13	革叶光叶苣苔	*Glabrella mihieri* (Franch.) Mich. Möller & W. H. Chen	√	√			
14	披针叶半蒴苣苔	*Hemiboea angustifolia* F. Wen & Y. G. Wei	√				
15	贵州半蒴苣苔	*Hemiboea cavaleriei* Lévl. var. *cavaleriei*	√				
16	疏脉半蒴苣苔	*Hemiboea cavaleriei* Lévl. var. *paucinervis* W. T. Wang & Z. Yu Li ex Z. Yu	√				
17	华南半蒴苣苔	*Hemiboea follicularis* Clarke var. *follicularis*	√				√
18	纤细半蒴苣苔	*Hemiboea gracilis* Franch. var. *gracilis*	√		√		
19	龙州半蒴苣苔	*Hemiboea longzhouensis* W. T. Wang ex Z. Yu Li	√				
20	大苞半蒴苣苔	*Hemiboea magnibracteata* Y. G. Wei & H. Q. Wen	√		√		√
21	麻栗坡半蒴苣苔	*Hemiboea malipoensis* Y. H. Tan		√			
22	柔毛半蒴苣苔	*Hemiboea mollifolia* W. T. Wang & K. Y. Pan	√				
23	单座苣苔	*Hemiboea ovalifolia* (W. T. Wang) A.Weber & Mich. Möller	√				
24	拟大苞半蒴苣苔	*Hemiboea pseudomagnibracteata* B. Pan & W. H. Wu	√				
25	紫花半蒴苣苔	*Hemiboea purpurea* Yan Liu & W. B. Xu	√				
26	粉花半蒴苣苔	*Hemiboea roseoalba* S. B. Zhou, Xin Hong & F. Wen	√				
27	红苞半蒴苣苔	*Hemiboea rubribracteata* Z. Y. Li & Yan Liu	√				
28	中越半蒴苣苔	*Hemiboea sinovietnamica* W. B. Xu & X. Y. Zhuang	√				
29	半蒴苣苔	*Hemiboea subcapitata* C. B. Clarke var. *subcapitata*	√	√	√	√	√
30	圆叶汉克苣苔	*Henckelia dielsii* (Borza) D. J. Middleton & Mich. Möller		√			
31	滇川汉克苣苔	*Henckelia forrestii* (J. Anthony) D. J. Middleton & Mich. Möller		√			
32	大叶汉克苣苔	*Henckelia grandifolia* A. Dietr.		√			
33	合苞汉克苣苔	*Henckelia infundibuliformis* (W. T. Wang) D. J. Middleton & Mich. Möller	√				
34	斑叶汉克苣苔	*Henckelia pumila* (D. Don) A. Dietr.		√	√		

附录1　相关植物园栽培苦苣苔科植物种类统计表

（续）

序号	中文名	拉丁名	桂林园	昆明园	贵州园	上海园	仙湖园
35	美丽汉克苣苔	*Henckelia speciosa* (Kurz) D. J. Middleton & Mich. Möller		√			
36	攀援吊石苣苔	*Lysionotus chingii* Chun ex W. T. Wang					√
37	多齿吊石苣苔	*Lysionotus denticulosus* W. T. Wang	√				√
38	吊石苣苔	*Lysionotus pauciflorus* Maxim. var. *pauciflorus*	√		√	√	√
39	齿叶吊石苣苔	*Lysionotus serratus* D. Don var. *serratus*	√	√	√	√	√
40	盾叶苣苔	*Metapetrocosmea peltata* (Merr. & Chun) W. T. Wang	√	√			
41	心叶马铃苣苔	*Oreocharis cordatula* (Craib) Pellegr.		√			
42	齿叶瑶山苣苔	*Oreocharis dayaoshanioides* Yan Liu & W. B. Xu	√				
43	异萼直瓣苣苔	*Oreocharis dimorphosepala* (W. H. Chen & Y. M. Shui) Mich. Möller		√			
44	剑川马铃苣苔	*Oreocharis georgei* J. Anthony		√			
45	川滇马铃苣苔	*Oreocharis henryana* Oliv.		√			
46	长叶粗筒苣苔	*Oreocharis longifolia* (Craib) Mich. Möller & A. Weber var. *longifolia*		√			
47	圆叶马铃苣苔	*Oreocharis rotundifolia* K. Y. Pan		√			
48	弥勒苣苔	*Oreocharis mileensis* (W. T. Wang) Mich. Möller & A. Weber	√	√			
49	灰岩喜鹊苣苔	*Ornithoboea calcicola* C. Y. Wu ex H. W. Li		√			
50	网脉蛛毛苣苔	*Paraboea dictyoneura* (Hance) Burtt	√				
51	独山蛛毛苣苔	*Paraboea dushanensis* W. B. Xu & M. Q. Han	√				
52	丝梗蛛毛苣苔	*Paraboea filipes* (Hance) Burtt	√				
53	桂林蛛毛苣苔	*Paraboea guilinensis* L. Xu & Y. G. Wei	√				
54	锈色蛛毛苣苔	*Paraboea rufescens* (Franch.) Burtt	√	√		√	
55	蛛毛苣苔	*Paraboea sinensis* (Oliv.) Burtt var. *sinensis*				√	
56	锥序蛛毛苣苔	*Paraboea swinhoei* (Hance) Burtt	√				
57	四苞蛛毛苣苔	*Paraboea tetrabracteata* F. Wen, Xin Hong & Y. G. Wei	√				
58	文山蛛毛苣苔	*Paraboea wenshanensis* Xin Hong & F. Wen	√	√	√		
59	湘桂蛛毛苣苔	*Paraboea xiangguiensis* W. B. Xu & B. Pan	√				
60	朱红苣苔	*Petrocodon coccineus* (C. Y. Wu ex H. W. Li) Y. Z. Wang	√	√	√		
61	革叶石山苣苔	*Petrocodon coriaceifolius* (Y. G. Wei) Y. G. Wei & Mich. Möller	√				
62	石山苣苔	*Petrocodon dealbatus* Hance var. *dealbatus*	√		√		
63	东南石山苣苔	*Petrocodon hancei* Hemsl.	√				
64	河池石山苣苔	*Petrocodon hechiensis* (Y. G. Wei, Yan Liu & F. Wen) Y. G. Wei & Mich. Möller	√				
65	湖南石山苣苔	*Petrocodon hunanensis* X. L. Yu & Ming Li	√				
66	弄岗石山苣苔	*Petrocodon longgangensis* W. H. Wu & W. B. Xu	√				
67	陆氏石山苣苔	*Petrocodon lui* (Yan Liu & W. B. Xu) A. Weber & Mich. Möller	√				
68	多花石山苣苔	*Petrocodon multiflorus* F. Wen & Y. S. Jiang	√				
69	近革叶石山苣苔	*Petrocodon pseudocoriaceifolius* Yan Liu & W. B. Xu	√				

(续)

序号	中文名	拉丁名	桂林园	昆明园	贵州园	上海园	仙湖园
70	秋海棠叶石蝴蝶	*Petrocosmea begoniifolia* C. Y. Wu ex H. W. Li		√			
71	贵州石蝴蝶	*Petrocosmea cavaleriei* Lévl.	√				√
72	金羊毛石蝴蝶	*Petrocosmea chrysotricha* M.Q. Han, H. Jiang & Yan Liu					√
73	绵毛石蝴蝶	*Petrocosmea crinita* (W. T. Wang) Z. J. Qiu		√			
74	萎软石蝴蝶	*Petrocosmea flaccida* Craib		√			
75	大理石蝴蝶	*Petrocosmea forrestii* Craib		√		√	√
76	光喉石蝴蝶	*Petrocosmea glabristoma* Z. J. Qiu & Y. Z. Wang					√
77	大叶石蝴蝶	*Petrocosmea grandifolia* W. T. Wang		√			
78	合溪石蝴蝶	*Petrocosmea hexiensis* S. Z. Zhang & Z. Y. Liu					√
79	蒙自石蝴蝶	*Petrocosmea iodioides* Hemsl.		√			
80	长蕊石蝴蝶	*Petrocosmea longianthera* Z. J. Qiu & Y. Z. Wang					√
81	小石蝴蝶	*Petrocosmea minor* Hemsl.				√	√
82	扁圆石蝴蝶	*Petrocosmea oblata* Craib var. *oblata*		√			
83	黄斑石蝴蝶	*Petrocosmea xanthomaculata* G. Q. Gou & X. Yu Wang	√				
84	兴义石蝴蝶	*Petrocosmea xingyiensis* Y. G. Wei & F. Wen				√	
85	砚山石蝴蝶	*Petrocosmea yanshanensis* Z. J. Qiu & Yin Z. Wang					√
86	白萼报春苣苔	*Primulina albicalyx* B. Pan & Li H. Yang	√				
87	淡黄报春苣苔	*Primulina alutacea* F. Wen, B. Pan & B. M. W	√				
88	异序报春苣苔	*Primulina anisocymosa* F. Wen, Xin Hong & Z. J. Qiu	√				
89	银叶报春苣苔	*Primulina argentea* Xin Hong, F. Wen & S. B. Zhou	√				
90	百寿报春苣苔	*Primulina baishouensis* (Y. G. Wei, H. Q. Wen & S. H. Zhong) Yin Z. Wang	√		√	√	√
91	北流报春苣苔	*Primulina beiliuensis* B. Pan & S. X. Huang	√				
92	羽裂小花苣苔	*Primulina bipinnatifida* (W. T. Wang) Yin Z. Wang & J. M. Li	√			√	√
93	博白报春苣苔	*Primulina bobaiensis* Q. K. Li, B. Pan & Qiang Zhang	√				
94	泡叶报春苣苔	*Primulina bullata* S. N. Lu & F. Wen	√				
95	囊筒报春苣苔	*Primulina carinata* Y. G. Wei, F. Wen & H. Z. Lü	√				
96	心叶报春苣苔	*Primulina cordata* Mich. Möller & A. Weber	√				√
97	心叶小花苣苔	*Primulina cordifolia* (D. Fang & W. T. Wang) Yin Z. Wang	√			√	
98	弯花报春苣苔	*Primulina curvituba* B. Pan, L. H. Yang & M. Kang	√				
99	东莞报春苣苔	*Primulina dongguanica* F. Wen, Y. G. Wei & R. Q. Luo	√				
100	中华报春苣苔	*Primulina dryas* (Dunn) Mich. Möller & A. Weber	√	√		√	
101	牛耳朵	*Primulina eburnea* (Hance) Yin Z. Wang	√	√	√	√	√
102	凤山报春苣苔	*Primulina fengshanensis* F. Wen & Yue Wang	√				
103	蚂蝗七	*Primulina fimbrisepala* (Hand.-Mazz.) Yin Z. Wang	√			√	√
104	黄斑报春苣苔	*Primulina flavimaculata* (W. T. Wang) Mich. Möller & A. Weber	√	√		√	

(续)

附录1 相关植物园栽培苦苣苔科植物种类统计表

（续）

序号	中文名	拉丁名	桂林园	昆明园	贵州园	上海园	仙湖园
105	多花报春苣苔	*Primulina floribunda* (W. T. Wang) Mich. Möller & A. Weber.	√				
106	巨叶报春苣苔	*Primulina gigantea* F. Wen, B. Pan & W. H. Luo	√				
107	恭城报春苣苔	*Primulina gongchengensis* Y. S. Huang & Yan Liu	√			√	√
108	桂林报春苣苔	*Primulina gueilinensis* (W. T. Wang) Yin Z. Wang & Yan Liu.	√			√	√
109	贵港报春苣苔	*Primulina guigangensis* L. Wu & Qiang Zhang	√				
110	桂海报春苣苔	*Primulina guihaiensis* (Y. G. Wei, B. Pan & W. X. Tang) Mich. Möller & A. Weber	√			√	√
111	桂中报春苣苔	*Primulina guizhongensis* Bo Zhao, B. Pan & F. Wen	√			√	√
112	肥牛草	*Primulina hedyotidea* (Chun) Yin Z. Wang	√	√		√	
113	衡山报春苣苔	*Primulina hengshanensis* L. H. Liu & K. M. Liu	√				
114	异色报春苣苔	*Primulina heterochroa* F. Wen & B. D. Lai	√				
115	烟叶报春苣苔	*Primulina heterotricha* (Merr.) Y. Dong & Yin Z. Wang	√				
116	河池报春苣苔	*Primulina hochiensis* (C. C. Huang & X. X. Chen) Mich. Möller & A. Weber var. *hochiensis*	√			√	√
117	湖南报春苣苔	*Primulina hunanensis* K. M. Liu & X. Z. Cai	√				
118	靖西小花苣苔	*Primulina jingxiensis* (Yan Liu, W. B. Xu & H. S. Gao) W. B. Xu & K. F. Chung	√			√	
119	癞叶报春苣苔	*Primulina leprosa* (Yan Liu & W. B. Xu) W. B. Xu & K. F. Chung	√			√	
120	荔波报春苣苔	*Primulina liboensis* (W. T. Wang & D. Y. Chen) Mich. Möller & A. Weber.	√	√	√	√	√
121	漓江报春苣苔	*Primulina lijiangensis* (B. Pan & W. B. Xu) W. B. Xu & K. F. Chung	√				
122	线萼报春苣苔	*Primulina linearicalyx* F. Wen, B. D. Lai & Y. G. Wei	√			√	√
123	线叶报春苣苔	*Primulina linearifolia* (W. T. Wang) Yin Z. Wang.	√	√			
124	香花报春苣苔	*Primulina linglingensis* (W. T. Wang) Mich. Möller & A. Weber var. *fragrans* F. Wen, Y. Z. Ge & B. Pan	√				
125	柳江报春苣苔	*Primulina liujiangensis* (D. Fang & D. H. Qin) Yan Liu	√			√	√
126	弄岗报春苣苔	*Primulina longgangensis* (W. T. Wang) Yan Liu & Yin Z. Wang	√				
127	龙氏报春苣苔	*Primulina longii* (Z. Y. Li) Z. Y. Li	√		√	√	√
128	龙州报春苣苔	*Primulina lungzhouensis* W. T. Wang	√	√			
129	黄花牛耳朵	*Primulina lutea* (Yan Liu & Y. G. Wei) Mich. Möller & A. Weber	√		√	√	√
130	浅黄报春苣苔	*Primulina lutescens* B. Pan & H. S. Ma	√				
131	黄纹报春苣苔	*Primulina lutvittata* F. Wen & Y. G. Wei	√				
132	粗齿报春苣苔	*Primulina macrodonta* (D. Fang & D. H. Qin) Mich. Möller & A. Weber	√				
133	大根报春苣苔	*Primulina macrorhiza* (D. Fang & D. H. Qin) Mich. Möller & A. Weber	√	√		√	√
134	花叶牛耳朵	*Primulina maculata* W. B. Xu & J. Guo	√				
135	药用报春苣苔	*Primulina medica* (D. Fang ex W. T. Wang) Yin Z. Wang	√	√	√	√	
136	微斑报春苣苔	*Primulina minutimaculata* (D. Fang & W. T. Wang) Yin Z. Wang	√			√	√
137	南丹报春苣苔	*Primulina nandanensis* (S. X. Huang, Y. G. Wei & W. H. Luo) Mich. Möller & A. Weber	√			√	

(续)

序号	中文名	拉丁名	桂林园	昆明园	贵州园	上海园	仙湖园
138	条叶报春苣苔	*Primulina ophiopogoides* (D. Fang & W. T. Wang) Yin Z. Wang	√	√		√	√
139	石蝴蝶状报春苣苔	*Primulina petrocosmeoides* B. Pan & F. Wen	√			√	√
140	羽裂报春苣苔	*Primulina pinnatifida* (Hand.-Mazz.) Yin Z. Wang	√			√	
141	紫纹报春苣苔	*Primulina pseudoeburnea* (D. Fang & W. T. Wang) Mich. Möller & A. Weber.	√				
142	阳朔小花苣苔	*Primulina glandulosa* (D. Fang, L. Zeng & D. H. Qin) Yin Z. Wang var. *yangshuoensis* (F. Wen, Yue Wang & Q. X. Zhang) Mich. Möller & A. Weber	√			√	√
143	假烟叶报春苣苔	*Primulina pseudoheterotricha* (T. J. Zhou, B. Pan & W. B. Xu) Mich. Möller & A. Weber.	√				
144	拟粉花报春苣苔	*Primulina pseudoroseoalba* Jian Li, F. Wen & L. J. Yan	√				
145	尖萼报春苣苔	*Primulina pungentisepala* (W. T. Wang) Mich. Möller & A. Weber	√			√	√
146	紫花报春苣苔	*Primulina purpurea* F. Wen, B. Zhao & Y. G. Wei	√			√	
147	融安报春苣苔	*Primulina ronganensis* (D. Fang & Y. G. Wei) Mich. Möller & A. Weber	√				√
148	融水报春苣苔	*Primulina rongshuiensis* (Yan Liu & Y. S. Huang) W. B. Xu & K. F. Chung	√				√
149	卵圆报春苣苔	*Primulina rotundifolia* (Hemsl.) Mich. Möller & A. Weber	√		√	√	
150	红苞报春苣苔	*Primulina rubribracteata* Z. L. Ning & M. Kang	√				
151	硬叶报春苣苔	*Primulina sclerophylla* (W. T. Wang) Yan Liu	√			√	√
152	寿城报春苣苔	*Primulina shouchengensis* (Z. Yu Li) Z. Yu Li	√	√	√	√	
153	中越报春苣苔	*Primulina sinovietnamica* W. H. Wu & Qiang Zhang	√			√	
154	焰苞报春苣苔	*Primulina spadiciformis* (W. T. Wang) Mich. Möller & A. Weber	√				
155	菱叶报春苣苔	*Primulina subrhomboidea* (W. T. Wang) Yin Z. Wang	√			√	
156	钟冠报春苣苔	*Primulina swinglei* (Merr.) Mich. Möller & A. Weber	√				√
157	报春苣苔	*Primulina tabacum* Hance	√				
158	神农架报春苣苔	*Primulina tenuituba* (W. T. Wang) Yin Z. Wang	√	√			
159	天等报春苣苔	*Primulina tiandengensis* (F. Wen & H. Tang) F. Wen & K. F. Chung	√				
160	三苞报春苣苔	*Primulina tribracteata* (W. T. Wang) Mich. Möller & A. Weber	√				
161	多色报春苣苔	*Primulina versicolor* F. Wen, B. Pan & B. M. Wang	√				
162	文采报春苣苔	*Primulina wentsaii* (D. Fang & L. Zeng) Yin Z. Wang	√				
163	阳朔报春苣苔	*Primulina yangshuoensis* Y. G. Wei & F. Wen	√				√
164	英德报春苣苔	*Primulina yingdeensis* Z. L. Ning, M. Kang & X. Y. zhuang	√				
165	永福报春苣苔	*Primulina yungfuensis* (W. T. Wang) Mich. Möller & A. Weber	√	√	√	√	
166	资兴报春苣苔	*Primulina zixingensis* L. H. Yang & B. Pan	√				
167	异裂苣苔	*Pseudochirita guangxiensis* (S. Z. Huang) W. T. Wang var. *guangxiensis*	√				
168	粉绿异裂苣苔	*Pseudochirita guangxiensis* (S. Z. Huang) W. T. Wang var. *glauca* Y. G. Wei & Yan Liu	√				
169	长冠苣苔	*Rhabdothamnopsis chinensis* (Franch.) Hand.-Mazz. var. *chinensis*		√			

注：表中"桂林园""昆明园"、"贵州园"、"上海园"、"仙湖园"分别为"广西壮族自治区中国科学院广西植物研究所""中国科学院昆明植物研究所""贵州省植物园""上海植物园"和"深圳市中国科学院仙湖植物园"的简称。

附录2 相关植物园的地理位置和自然环境

广西壮族自治区中国科学院广西植物研究所（桂林植物园）

桂林植物园地处广西桂林雁山，位于北纬25°11′，东经110°12′，海拔约150m，属中亚热带季风气候。年平均气温19.2℃，最冷月（1月）平均气温8.4℃，最热月（7月）平均气温28.4℃，极端最高气温40℃，极端最低气温–6℃，≥10℃的年积温5955.3℃。冬季有霜冻，有霜期平均6～8天，偶降雪。年均降水量1865.7mm，主要集中在4～8月，占全年降水量73%，冬季雨量较少，干湿交替明显，年平均相对湿度78%。土壤为砂页岩发育而成的酸性红壤，pH 5.0～6.0。

中国科学院昆明植物研究所（昆明植物园）

昆明植物园始建于1938年，隶属于中国科学院昆明植物研究所，地处云南省会昆明北市区黑龙潭畔，位于东经102°44″，北纬N25°07″，海拔1914～1990m。属于中亚热带内陆高原气候，年平均气温14.7℃，年平均降水量1006.5mm，年平均相对湿度73%。

贵州省植物园

贵州植物园地处贵阳北郊鹿冲关，位于东经106°42′，北纬36°24′，海拔1210～1411m。年平均气温14℃，1月平均气温4.6℃，极端最低气温–6.4℃，7月平均气温23.8℃，极端最高气温32.1℃。年平均降水量1200mm。年平均相对湿度80%。全年日照时数1174小时，无霜期289天。成土母岩为石灰岩和沙岩，土壤为山地黄壤和棕壤，pH 5～7。

上海植物园

上海植物园地处上海市区的上风方向和黄浦江市区段的上游的徐汇区西南部，位于东经121°45′，北纬31°15′，占地81.86hm^2。上海属亚热带季风性气候，四季分明，日照充分，雨量充沛。春秋较短，冬夏较长。全市平均气温17.6℃，日照1885.9小时，降水量1173.4mm。全年60%以上的雨量集中在5～9月的汛期。

深圳市中国科学院仙湖植物园

仙湖植物园地处广东深圳罗湖东郊，东倚梧桐山，西临深圳水库，位于北纬22°34′，东经114°10′，海拔26～605m，地带性植被为南亚热带季风常绿阔叶林，属亚热带海洋性气候，依山傍海，气候温暖宜人，年平均气温22.3℃，极端最高气温38.7℃，极端最低气温0.2℃。每年4～9月为雨季，年均降水量1933.3mm，雨量充足，相对湿度71%～85%。日照时间长，平均年日照时数2060小时。土壤母质为页岩、砂岩分化的黄壤，沟边多石砾，呈微酸至中性，pH 5.5～7.0。

中文名索引

B

白萼报春苣苔 213
百寿报春苣苔 221
斑叶汉克苣苔 101
半蒴苣苔 90
报春苣苔 355
北流报春苣苔 223
扁圆石蝴蝶 204
博白报春苣苔 227

C

长冠苣苔 381
长茎芒毛苣苔 31
长药石蝴蝶 200
长叶粗筒苣苔 128
齿叶吊石苣苔 112
齿叶瑶山苣苔 120
川滇马铃苣苔 126
粗齿报春苣苔 305

D

大苞半蒴苣苔 72
大根报春苣苔 307
大理石蝴蝶 190
大叶汉克苣苔 97
大叶石蝴蝶 194
单座苣苔 78
淡黄报春苣苔 215
滇川汉克苣苔 95
滇南芒毛苣苔 33
吊石苣苔 110
东莞报春苣苔 239
东南石山苣苔 165
独山蛛毛苣苔 140
盾叶光叶苣苔 55
盾叶苣苔 115
多齿吊石苣苔 108

多痕奇柱苣苔 50
多花报春苣苔 251
多花石山苣苔 175
多色报春苣苔 363

F

肥牛草 265
粉花半蒴苣苔 84
粉绿异裂苣苔 378
凤山报春苣苔 245

G

革叶光叶苣苔 57
革叶石山苣苔 161
恭城报春苣苔 255
光喉石蝴蝶 192
广西异唇苣苔 36
贵港报春苣苔 259
贵州半蒴苣苔 62
贵州石蝴蝶 182
桂海报春苣苔 261
桂林报春苣苔 257
桂林蛛毛苣苔 144
桂中报春苣苔 263

H

合苞汉克苣苔 99
合溪石蝴蝶 196
河池报春苣苔 273
河池石山苣苔 167
衡山报春苣苔 267
红苞半蒴苣苔 86
红苞报春苣苔 341
红花大苞苣苔 44
湖南报春苣苔 275
湖南石山苣苔 169
花叶牛耳朵 309

中文名索引

华南半蒴苣苔 ·················· 66
黄斑报春苣苔 ·················· 249
黄斑石蝴蝶 ····················· 206
黄花牛耳朵 ····················· 299
黄纹报春苣苔 ·················· 303
灰岩喜鹊苣苔 ·················· 135

J

假烟叶报春苣苔 ··············· 327
尖萼报春苣苔 ·················· 331
剑川马铃苣苔 ·················· 124
金羊毛石蝴蝶 ·················· 184
近革叶石山苣苔 ··············· 177
靖西小花苣苔 ·················· 277
巨叶报春苣苔 ·················· 253

L

癞叶报春苣苔 ·················· 279
漓江报春苣苔 ·················· 283
荔波报春苣苔 ·················· 281
菱叶报春苣苔 ·················· 351
柳江报春苣苔 ·················· 291
龙氏报春苣苔 ·················· 295
龙州半蒴苣苔 ·················· 70
龙州报春苣苔 ·················· 297
陆氏石山苣苔 ·················· 173
卵圆报春苣苔 ·················· 339

M

麻栗坡半蒴苣苔 ··············· 74
蚂蝗七 ··························· 247
芒毛苣苔 ························ 27
美丽汉克苣苔 ·················· 103
蒙自石蝴蝶 ····················· 198
弥勒苣苔 ························ 132
绵毛石蝴蝶 ····················· 186

N

南丹报春苣苔 ·················· 315
囊筒报春苣苔 ·················· 231

拟大苞半蒴苣苔 ··············· 80
拟粉花报春苣苔 ··············· 329
牛耳朵 ··························· 243
弄岗报春苣苔 ·················· 293
弄岗石山苣苔 ·················· 171

P

攀援吊石苣苔 ·················· 106
泡叶报春苣苔 ·················· 229
披针叶半蒴苣苔 ··············· 60

Q

浅黄报春苣苔 ·················· 301
秋海棠叶石蝴蝶 ··············· 180

R

融安报春苣苔 ·················· 335
融水报春苣苔 ·················· 337
柔毛半蒴苣苔 ·················· 76
软叶大苞苣苔 ·················· 42

S

三苞报春苣苔 ·················· 361
神农架报春苣苔 ··············· 357
石蝴蝶状报春苣苔 ············ 319
石山苣苔 ························ 163
寿城报春苣苔 ·················· 345
疏脉半蒴苣苔 ·················· 64
丝梗蛛毛苣苔 ·················· 142
四苞蛛毛苣苔 ·················· 152

T

天等报春苣苔 ·················· 359
条叶报春苣苔 ·················· 317

W

弯果奇柱苣苔 ·················· 52
弯花报春苣苔 ·················· 237
网脉蛛毛苣苔 ·················· 138
微斑报春苣苔 ·················· 313

393

萎软石蝴蝶 … 188	异萼直瓣苣苔 … 122
文采报春苣苔 … 365	异裂苣苔 … 376
文山蛛毛苣苔 … 154	异片苣苔 … 39
	异色报春苣苔 … 269
	异序报春苣苔 … 217

X

西藏珊瑚苣苔 … 47	银叶报春苣苔 … 219
纤细半蒴苣苔 … 68	英德报春苣苔 … 369
线萼报春苣苔 … 285	硬叶报春苣苔 … 343
线叶报春苣苔 … 287	永福报春苣苔 … 371
香花报春苣苔 … 289	羽裂报春苣苔 … 321
湘桂蛛毛苣苔 … 156	羽裂小花苣苔 … 225
小齿芒毛苣苔 … 29	圆叶汉克苣苔 … 93
小石蝴蝶 … 202	圆叶马铃苣苔 … 130
心叶报春苣苔 … 233	
心叶马铃苣苔 … 118	

Z

心叶小花苣苔 … 235	中华报春苣苔 … 241
兴义石蝴蝶 … 208	中越半蒴苣苔 … 88
锈色蛛毛苣苔 … 146	中越报春苣苔 … 347
	钟冠报春苣苔 … 353

Y

烟叶报春苣苔 … 271	朱红苣苔 … 159
砚山石蝴蝶 … 210	蛛毛苣苔 … 148
焰苞报春苣苔 … 349	锥序蛛毛苣苔 … 150
阳朔报春苣苔 … 367	资兴报春苣苔 … 373
阳朔小花苣苔 … 325	紫花半蒴苣苔 … 82
药用报春苣苔 … 311	紫花报春苣苔 … 333
	紫纹报春苣苔 … 323

拉丁名索引

A

Aeschynanthus acuminatus ································ 27
Aeschynanthus chiritoides ································· 29
Aeschynanthus longicaulis ································ 31
Aeschynanthus micranthus ······························· 33
Allocheilos guangxiensis ·································· 36
Allostigma guangxiense ··································· 39
Anna mollifolia ··· 42
Anna rubidiflora ··· 44

C

Corallodiscus lanuginosus ································ 47

D

Deinostigma cicatricosum ································ 50
Deinostigma cyrtocarpum ································ 52

G

Glabrella longipes ·· 55
Glabrella mihieri ·· 57

H

Hemiboea angustifolia ······································ 60
Hemiboea cavaleriei ··· 62
Hemiboea cavaleriei ··· 64
Hemiboea follicularis ······································· 66
Hemiboea gracilis var. *gracilis* ························ 68
Hemiboea longzhouensis ·································· 70
Hemiboea magnibracteata ································ 72
Hemiboea malipoensis ····································· 74
Hemiboea mollifolia ··· 76
Hemiboea ovalifolia ··· 78
Hemiboea pseudomagnibracteata ····················· 80
Hemiboea purpurea ·· 82
Hemiboea roseoalba ··· 84
Hemiboea rubribracteata ································· 86
Hemiboea sinovietnamica ································· 88
Hemiboea subcapitata var. *subcapitata* ············ 90
Henckelia dielsii ··· 93
Henckelia forrestii ·· 95
Henckelia grandifolia ······································· 97
Henckelia infundibuliformis ······························ 99
Henckelia pumila ·· 101
Henckelia speciosa ·· 103

L

Lysionotus chingii ··· 106
Lysionotus denticulosus ··································· 108
Lysionotus pauciflorus var. *pauciflorus* ··········· 110
Lysionotus serratus var. *serratus* ····················· 112

M

Metapetrocosmea peltata ································· 115

O

Oreocharis cordatula ······································· 118
Oreocharis dayaoshanioides ····························· 120
Oreocharis dimorphosepala ····························· 122
Oreocharis georgei ·· 124
Oreocharis henryana ······································· 126
Oreocharis longifolia ······································ 128
Oreocharis rotundifolia ··································· 130
Oreocharis mileensis ······································· 132
Ornithoboea calcicola ····································· 135

P

Paraboea dictyoneura ······································ 138
Paraboea dushanensis ····································· 140
Paraboea filipes ·· 142
Paraboea guilinensis ······································· 144
Paraboea rufescens ··· 146
Paraboea sinensis var. *sinensis* ······················· 148
Paraboea swinhoii ··· 150
Paraboea tetrabracteata ································· 152
Paraboea wenshanensis ··································· 154
Paraboea xiangguiensis ··································· 156
Petrocodon coccineus ······································ 159
Petrocodon coriaceifolius ································ 161
Petrocodon dealbatus ······································ 163
Petrocodon hancei ··· 165
Petrocodon hechiensis ····································· 167
Petrocodon hunanensis ···································· 169
Petrocodon longgangensis ······························· 171
Petrocodon lui ··· 173
Petrocodon multiflorus ···································· 175
Petrocodon pseudocoriaceifolius ····················· 177
Petrocosmea begoniifolia ································ 180
Petrocosmea cavaleriei ··································· 182
Petrocosmea chrysotricha ······························· 184
Petrocosmea crinita ·· 186